刘春晖◎主编

PROBLEM SOLVED!

The Great Breakthroughs in Mathematics

极简数学史

生命无代数 人生有几何

[英] 罗伯特 · 斯奈登◎著　苑东明　寇金玉◎译
（Robert Snedden）

電子工業出版社
Publishing House of Electronics Industry
北京•BEIJING

目　录

第一章

想出一个数字

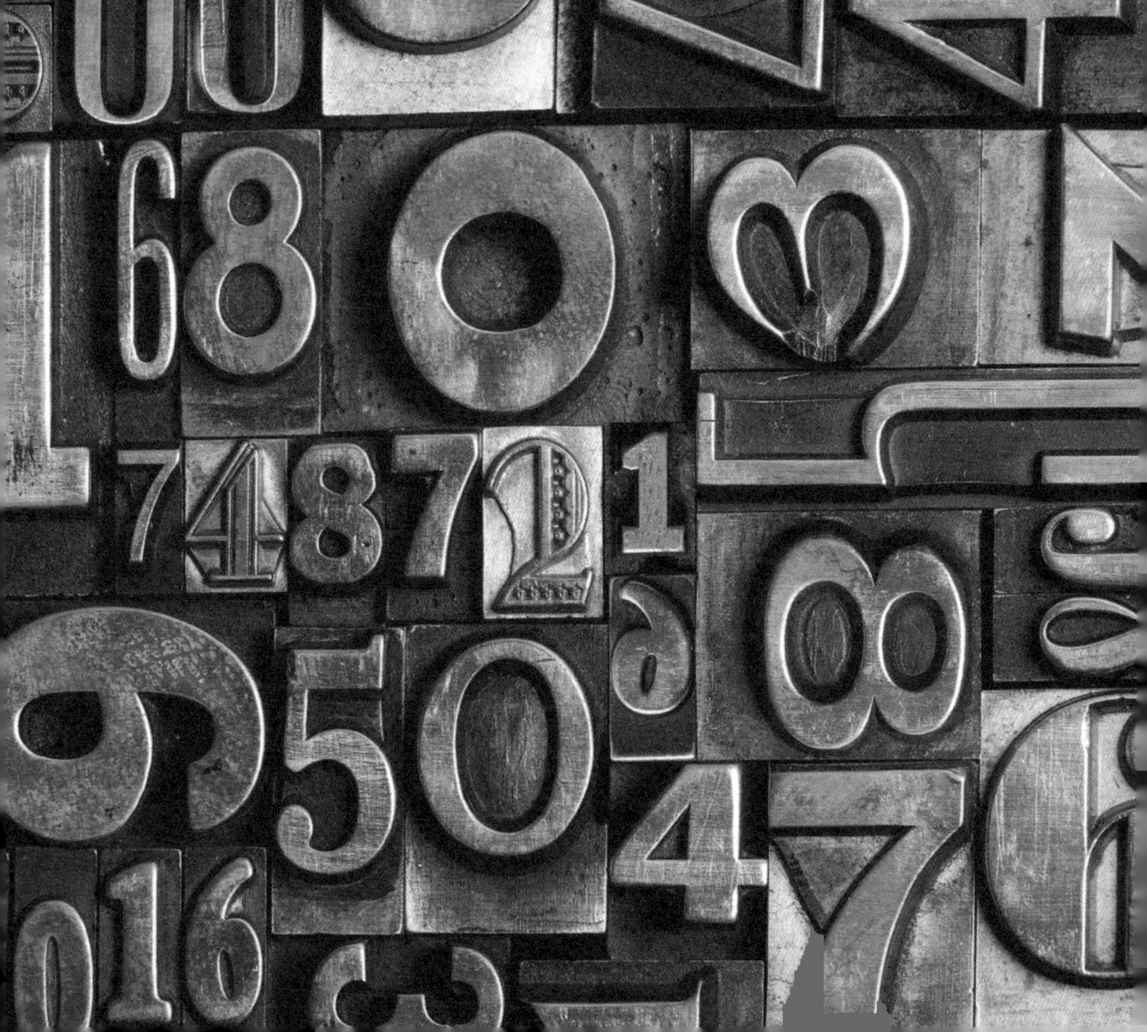

数学是解决问题的艺术。

——乔治 · 波利亚，数学家

数量问题

人的一生需要获取各种各样的信息，我们经常使用数字这种形式来呈现信息。例如，我在银行有多少钱？我得等几分钟火车才能到？我考试得了多少分？但情况并非总是这样。

在狩猎时，我们的祖先必须记住哪些水果有毒，哪些水果没有毒；他们需要知道在哪里可以找到动物，以及它们的行动有哪些规律。但可以肯定的是，他们没有数过灌木上浆果的个数，也没有数过一群动物中某种动物的具体数量。那么，人们是从什么时候开始使用数字的呢？人们从什么时候开始想知道某样东西到底有多少呢？

保加利亚的马古拉洞穴壁画

数字发展时间线	
公元前 37000 年左右	带有刻纹的骨头可能是人类探索数字的较早证据。
公元前 4000 年左右	属于大河文明的印度河、尼罗河、底格里斯河和幼发拉底河及长江流域，出现了使用数字的证据。

读骨头

数学语言是用数字表示的。如果我们没有学会数数和使用数字，那么我们所了解的那些文明很可能就不会出现。很多人认为，数字和数学是所有事物的基础，数学思维的发展必须和人类思维的发展同步。

数字意识

你认识“无名”的数字吗？澳大利亚的瓦尔皮里人只会数到二，而南美洲的蒙杜鲁库人则没有“五”这个数字。瓦尔皮里人只有“一”和“二”这两个数字，他们能在四片水果和五片水果之间做出选择吗？神经学家布莱恩·巴特沃斯（Brian Butterworth）在 2008 年做了一项实验，他让瓦尔皮里人的孩子摆出与自己发出声音的次数相等的筹码。瓦尔皮里人的孩子的表现和有英语背景的孩子一样好。尽管瓦尔皮里人不会用语言来表达数字，但他们了解数字的意义。

澳大利亚卡卡杜国家公园的土著岩画

我们不了解早期人类是如何看待世界的，我们所能做的就是根据他们留下的文物进行猜测。很多人认为有关数学思维最早的物证是列朋波骨，这是一块狒狒的小腿骨，在非洲南部斯威士兰的卢邦博山脉的一个洞穴里被发现，迄今大约 37000 年，骨头表面有 29 个不同的刻纹。这块骨头的用途尚不明确，但它与现在的纳米比亚部落仍在使用的日历棒有相似之处，有人认为这块骨头是记录女性经期的工具。非洲女性会是世界上最早的数学家吗？

1937 年，在现捷克共和国境内出土了一块狼骨。这块骨头可追溯到公元前 3 万年，骨头上刻着 55 个深深的刻纹，每 5 个一组，这是传统的统计分组法。

伊尚戈骨

与数字相关的证据还有两块伊尚戈骨。第一块也是最有名的一块伊尚戈骨，于 20 世纪 50 年代在现刚果民主共和国境内被发现，大约有 22000 年的历史。伊尚戈骨的雕刻比早期的列朋波骨更复杂，它有三组刻纹，是按顺序雕刻的：

19, 17, 13, 11

7, 5, 5, 10, 8, 4, 6, 3

9, 19, 21, 11

这些数字组的意义是什么？骨头的发现者比利时地质学家德柏荷古（Jean de Heinzelin de Braucourt）认为，这些刻纹可能代表一种算术游戏。刻纹形成的图案表明，雕刻者使用的是十进制系统。另一些人则认为，伊尚戈骨是用来记录月亮的相位的。

然而，这些观点我们都无从考证，我们只能凭想象去推断这些骨头的用途。例如，有人认为它可以检测打火石的锋利程度，也有人认为伊尚戈骨上的刻纹可能是为了便于抓握，又或者骨头的雕刻者只是以此在篝火旁消磨时间，等待太阳升起。

第一块伊尚戈骨，大约有 22000 年的历史

一眼认数

一眼认数是一种查看少量物品的能力，我们不用进行实际计算就能直接感知物品的数量。如果你从口袋里掏出四五个硬币，那么你一眼就能看出有多少个，而用不着去数。然而，五似乎是大脑能够识别的最大数量。

一眼认数并不是人类独有的能力——蜜蜂、鸟类和猴子都已经证明了它们也可以做到这一点——但只有人类迈出了下一步，开始计算超出一眼认数范围的物品的数量。

我们一眼就能看到有多少个硬币，不需要逐个数，这就是所谓的一眼认数

哇！计数！

不知道从什么时候开始，数字和计数变得重要起来了，有可能始于 1 万年前，那时人们开始在一个地方定居、耕种，而不是不断狩猎。在开始猎杀野猪之前，这一群野猪的全部数量可能并不重要，但是如果一开始你的羊群里有 20 只羊，那么你可能就想知道当羊群回圈时，这 20 只羊是不是都还在了。

一个有 20 只羊的牧羊人可以用一根计数木棒上的刻纹来计数，也可以用他的手指和脚趾来计数。还有一种方法是堆一小堆卵石，每一块卵石代表一只羊。牧羊人不需要数它们，只要晚上每当有羊回到羊圈里时，从石堆里取出一块卵石就行了。事实上，“计算”这个词起源于拉丁语的“微积分”一词，意思就是卵石。

卵石计数或其他形式的计数方法的问题是，它们实际上并不需要数字——只是一个物体和另一个物体之间的对应关系。但是随着文明的发展，人们对数字的需求成为必然。

阿尔卑斯山的计数木棒

第二章

数字系统

数字系统

随着部落越来越大，越来越多的人、货物和牲畜聚集在一起，人们必须找到一种方法来记录各种情况。要解决人们有多少东西的问题，就需要一个数字系统。不同的人在不同的时间和地点，为这一问题给出了各种各样的解决办法。

孟图霍特普二世统治时期的一种古埃及象形文字

数字系统发展时间线	
约公元前 3400 年	古埃及人用简单的直线发明了数字的第一个符号。
约公元前 3000 年	古埃及人使用了十进制系统。
约公元前 3000 年	古埃及人优化了象形数字。
约公元前 3000 年	古巴比伦人使用六十进制系统进行商品交易。

美索不达米亚的数学家

苏美尔人可能是第一个使用数字和计数系统的，时间大约为公元前4000年，他们使用的基本单位是60。例如，将一分钟划分为60秒，将一小时划分为60分钟，将一个圆圈划分为360度。后来，古埃及人使用的是我们现在更熟悉的十进制系统。

苏美尔（美索不达米亚地区）的成就令人印象深刻，被很多人称为“文明的摇篮”。苏美尔人创造了农业，培育农作物，发明了犁与轮子，开挖沟渠，创造了最早的灌溉系统。苏美尔人发明了人类最早的象形文字——楔形文字，这些文字被刻在烤制的陶片上。这些陶片使我们更加了解苏美尔人掌握数学知识的情况。

苏美尔人发明的楔形文字石刻

计数陶片

苏美尔人的数学最初是为了满足官僚的需要而发展起来的。

苏美尔人也许是第一批不再使用某种表示物来代表绵羊、罐装油和其他商品的人，他们开始使用数字符号来表示数量。大约在公元前 3000 年，苏美尔人开始在陶片上绘制图像。

不同种类的商品用不同的符号表示，而多个相同的商品则用简单的重复符号表示。这种方法的缺点相当明显，每个商品都必须有自己的符号，苏美尔人必须了解所有符号的意义。而且，虽然这种方法对少量商品计数有效，但想要对 300 捆小麦做标记，那将是一项耗时的工作，而且容易出错。

苏美尔人的计数工具

苏美尔人的一个重大进步是用符号来表示数量，这是不同于商品的符号。当要表示 10 个油罐时，他们不是画 10 个油罐符号，而是用一个油罐符号再加上数字“10”的符号。数字符号是通过附加在商品符号上而被赋予意义的，它本身并不是一个抽象的概念。

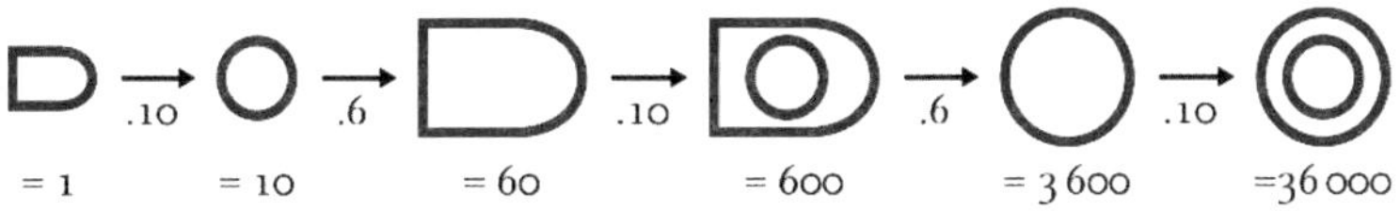

.10 .6 .10 .6 .10

= 1　= 10　= 60　= 600　= 3 600　=36 000

苏美尔人使用的数字系统

一个不懂算账的头脑，能算是一个有智慧的头脑吗？

——美索不达米亚谚语

位值记数法

古巴比伦的数学家发明了位值记数法，这是一项重大创新，这意味着数值不仅由其符号表示，而且由其位置表示。想想数字 333——三个符号都是一样的，但一个“3”代表三百，一个“3”代表三十，一个“3”代表三个单位。

在数字系统方面，古巴比伦人继承了苏美尔人的一些思想，如六十进制系统。然而，苏美尔人没有使用位值系统。

随着文明的发展，人们需要处理的数字问题越来越多，位值系统的优势逐渐显现。古巴比伦人使用的是六十进制系统，可能你会觉得他们一定使用了很多符号，但实际上他们只使用了两个符号——一个单位符号和一个表示 10 的符号——所以“6”由 6 个单位符号表示，“26”由两个表示 10 的符号和 6 个单位符号表示。

六十进制系统有一个很明显的问题，“2”由两个单位符号表示，而“61”也由两个单位符号表示，古巴比伦的数字“2”和“61”看起来几乎一样。古巴比伦人解决这个问题的方法是让表示“2”的两个单位符号连在一起，使其成为一个单一的符号，同时在“61”的单位符号之间留出一点空间。不过，粗心的抄写员很容易出错。

当时一个更大的问题是没有表示空位的符号。后来，古巴比伦人发明了一种符号来表示空位，很好地解决了这个问题。

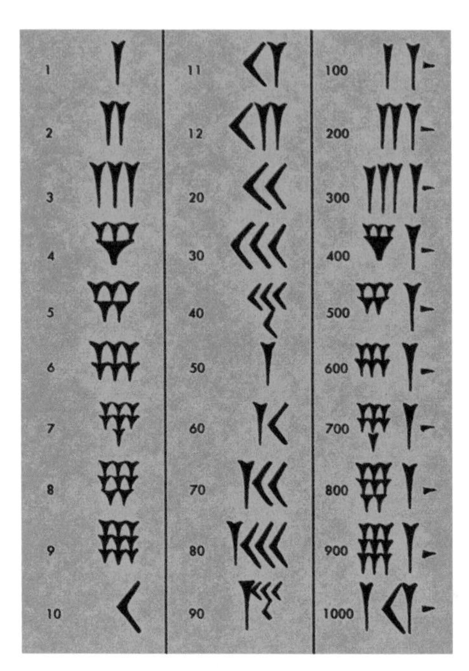

苏美尔人的六十进制系统

为什么使用六十进制系统?

为什么苏美尔人的数字系统是六十进制系统？亚历山大的泰奥恩（Theon）在4世纪时试图回答这个问题，他认为选择60是因为很多数字（2、3、4、5、6、10、12、15、20、30）都可以整除60。

根据苏美尔人使用的度量衡，奥地利数学家奥托·诺伊格鲍尔（Otto Neugebauer）建议将十进制系统修改为六十进制系统。

使用六十进制系统还有一些建立在天文学基础上的理论依据，

但有些牵强。数学家莫里茨 · 康托尔（Moritz Cantor）提出，使用六十进制系统是因为一年分为 360 天，但这一理论并不能站得住脚，因为苏美尔人肯定意识到了一年不止 360 天。也有人认为这是将月份乘以肉眼可见的行星（水星、金星、火星、木星、土星）的数目得出的数字，但这种观点也是极不可靠的。

使用六十进制系统也有基于几何学的理论依据。有些人认为，苏美尔人把等边三角形看作基本的几何图形。等边三角形的角是 60 度，如果用 60 除以 10，得到 6 度的基本角度单位，那么一个圆中就有 60 个基本角度单位，这种理论也无法完全令人信服。

第三章

几何学的开端

几何学的开端

“几何学”（Geometry）一词源自希腊语的地球（Geo）和测量（Metry）。几何学是数学的一个分支，研究线条、形状和空间及它们之间的关系。

伟大的古希腊数学家和几何学奠基人欧几里得的雕像

古埃及人优化了计算面积和体积的方法，但他们没有提出与几何有关的理论。古巴比伦有许多擅长解决几何问题的数学家。古希腊人试图将几何学建立在可靠的证明和推理基础上，推动该项事业的著名数学家有泰勒斯（Thales）、欧几里得（Euclid）和毕达哥拉斯（Pythagoras）。

几何学发展时间线

约公元前5000年	古埃及人和苏美尔人使用几何图案，但是这更多的是出于艺术目的而非数学目的。
约公元前1550年	早期的古埃及抄书吏艾哈迈斯（Ahmes）抄写了200年前一位无名氏的书。《莱茵德纸草书》列出了80多个数学问题及相应的解题方法，其中包括如何计算粮仓的容积。
公元前575年	古希腊数学家和哲学家泰勒斯把他掌握的古埃及和古巴比伦的数学知识带到了古希腊。他用几何学来解决诸如计算金字塔的高度和船离海岸的距离等问题。
约公元前300年	亚历山大的欧几里得在他的《几何原本》一书中总结了当时的几何学知识，这是当时所有数学著作中最著名和最有影响力的著作之一。阿波罗尼奥斯（Apollonius）撰写了《圆锥曲线论》，他引入了“椭圆”“抛物线”“双曲线”等术语。
约公元前140年	希帕克（Hipparchus）研究了三角学。

《莱茵德纸草书》

《莱茵德纸草书》以苏格兰古董商亨利·莱茵德命名，他在1858年到卢克索旅行时买下了这本书，使得古埃及的数学思想在世人面前惊艳亮相。《莱茵德纸草书》被称为《艾哈迈斯纸草书》可能更合适，因为抄书吏艾哈迈斯转抄了它。根据艾哈迈斯的说法，此书提供了精确的计算方法，用于探究所有事物的秘密。它包含了帮助人们计算的参考表，并列出了 80 多个数学问题及解题方法，例如，如何计算粮仓的容积。

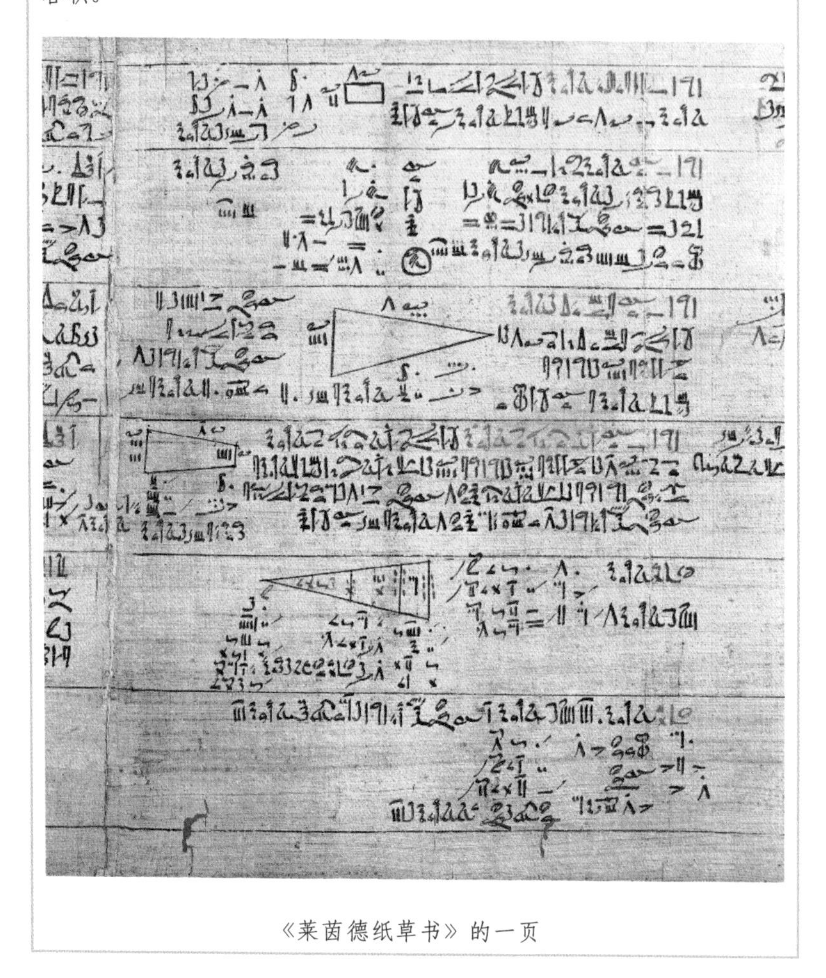

《莱茵德纸草书》的一页

《茵德纸草书》中有关准确测量面积的方法对古埃及的农业非常重要。税务稽查员和土地所有者都想知道他们的税负计算是否正确。当父母去世时，传统做法是把土地分给孩子们，准确测量土地的面积是避免争执的关键。每年的雨季，尼罗河洪水会冲走区分一个地区和另一个地区的标记，因此古埃及的测量员要重新丈量，恢复标记。

一张1990年尼罗河洪水期间埃及村庄的照片

《莱茵德纸草书》尤为关注与金字塔有关的五个问题，其中一个问题涉及金字塔侧面坡度的计算，建造者非常关注金字塔侧面的坡度，他们必须确保金字塔四个面的坡度是一致的。

古埃及的土地评估人被称为先师或拉绳者，他们用的工具是测量物体长度的一段打结的绳子。两个结的间距为一肘，肘长最初是从肘部到中指尖的距离，后来被标准化为52.3厘米，这可以从存留下来的肘长竿中得到证明。

先师能做的不仅仅是用绳子测量长度，他们把一根绳子分成 12 等分，形成一个三角形，三角形的边分别有 3、4 和 5 个单位，这就形成了一个直角。先师为建筑物（包括金字塔）铺设地基时运用了这些知识。古埃及人很可能发现了直角三角形的边长和直角之间的关系，但他们没能解释这个定理，直到毕达哥拉斯出现。

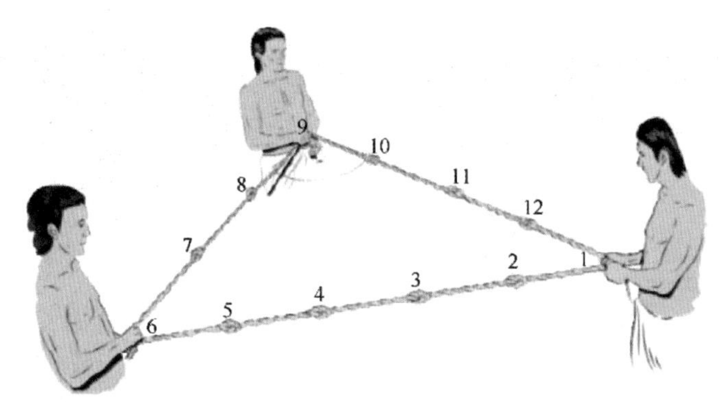

用绳子形成直角

毕达哥拉斯定理

毕达哥拉斯定理（勾股定理）可能是大多数人记忆最深的定理之一。

它的简单公式 $a^2+b^2=c^2$ 很容易记。它告诉我们，直角三角形最长边、斜边 c 的长度的平方等于直角三角形的两个较短边 a 和 b 的平方之和。这个定理在毕达哥拉斯出现之前已经存在很多个世纪了，但我们仍以毕达哥拉斯的名字命名这个定理，因为他是第一个证明该定理的人。3、4 和 5 构成了毕达哥拉斯三元组中的第一组，毕达哥拉斯三元组还包括 5、12 和 13，7、24 和 25，29、420 和 421。

测量正方形或长方形的面积很简单，但如果要测量三角形或者圆形的面积，就会变得棘手。古埃及的几何学家发现了计算三角形面积的公式：S（三角形的面积）=1/2×b（长）×c（高），他们还了解如何计算四边形的面积。

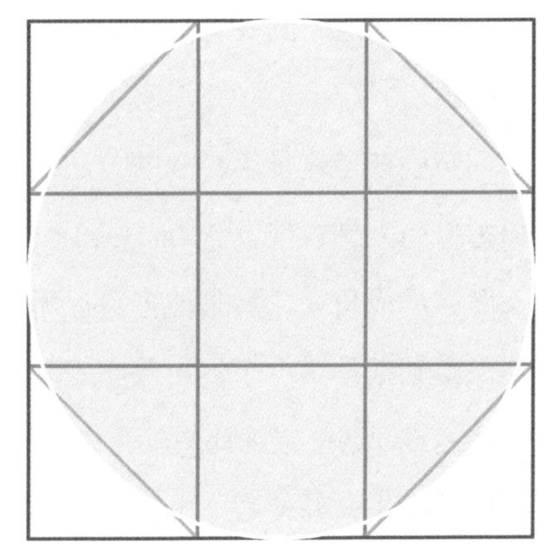

含有内接圆的正方形被网格划分成若干部分

《莱茵德纸草书》中涉及计算一个圆的面积的问题。古埃及人首先把要测量的圆放在一个正方形内，然后在正方形内画一个八角形，使其尽可能地与圆接近。通过减去在正方形和八角形之间形成的三角形的面积，他们就能计算八角形的面积，这被认为是足够接近圆的面积的近似值。这种计算方法实际上产生了一个近似 π，即一个圆的周长与其直径的比值，约为 3.16，与 π 的实际值 3.14159…相当接近。

泰勒斯的证明方法

现代数学的发展深受古希腊人的影响，而古希腊人又受到了古埃及人的影响。第一位研究数学的人据传是米利都的泰勒斯。

当泰勒斯参观大金字塔时，它已经有 2000 多年的历史了，但是没有人知道它到底有多高。泰勒斯利用相似三角形原理解决了这个问题。

泰勒斯是最早用科学的方法解释世界的人之一。泰勒斯曾和其他古希腊人到古埃及学习。泰勒斯了解到先师用打过结的绳子测量长度并形成角度，后来他把自己所学的知识带回了古希腊。

泰勒斯是第一个提出数学定理的人，他通过观察和归纳证明了这些定理。这些定理比较简单，但他的研究标志着一种全新的数学方法的诞生，并使数学发展为一门科学。

相似三角形的对应角相等，对应边成比例。泰勒斯把一根棍子立在地上，记录下一天中棍子投射的阴影长度等于棍子长度的那一刻。他推断，在同一时刻，金字塔投射的阴影将等于金字塔的高度。

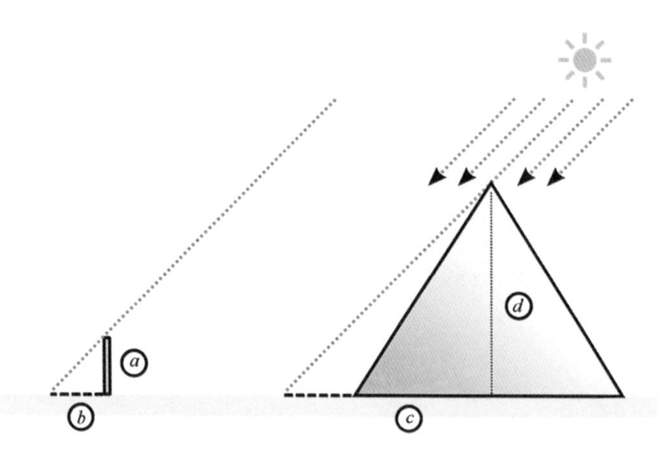

该图显示了泰勒斯是如何测量金字塔高度的

泰勒斯定理

根据泰勒斯定理，如果将圆的直径作为三角形的底边，然后从圆周长上的任意一点绘制三角形的其他两边，则与底边相对的角度始终为直角。

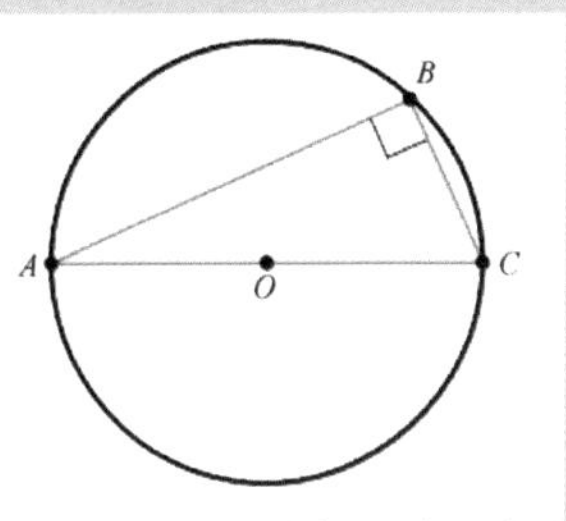

如果 AC 是圆的直径，则角 B 为直角

数学

数学是一门理论科学，大多数人认为奠基人是毕达哥拉斯。但我们对他了解甚少，因为他本人没有留下任何数学著作，我们对毕达哥拉斯思想的了解大多来自后世作者的著作。公元前5世纪，毕达哥拉斯建立了一个社区，社区内的人被分为阿库什马提科（Akousmatikoi，意思为“倾听者”）和马修马提科（Mathematikoi，意思是“学习者”），后者专注于研究宗教和哲学方面，他们发展了由毕达哥拉斯初创的数学。毕达哥拉斯及其门徒认为，数学是人们解释和理解世界的方式。毕达哥拉斯学派断言“一切都是数字”，并认为每个数字都有自己的特点及意义。

毕达哥拉斯的版画

欧几里得进入数学领域

约公元前 300 年，当时的几何学知识在一套叫作《几何原本》的著作中得到阐述，全书共有 13 册。托马斯 • 希斯（Thomas Heath）于 1908 年出版了《几何原本》的标准英文译本，他认为这本书是“有史以来最伟大的数学教科书之一”。

据说，创作这部巨著的数学家是欧几里得。我们无法确认《几何原本》中各项证明方式有多少是欧几里得原创的，有多少是其他人总结的。普罗克洛斯（Proclus）是古希腊哲学家的主要代表之一，他指出：欧几里得确有其人，他写下了《几何原本》。

但是，除了与欧几里得同时代人的记录，我们对他知之甚少。有可能欧几里得只是编纂这本书的团队里的一名主要成员。不管是谁提出了《几何原本》中的公理、公设和定义，他们都对建立几何学做出了重大贡献。

欧几里得提出要解决平面几何、立体几何及包括质数的数论等问题。他提出了一些假设，并从五个基本原理的构成出发，一步步地建立起了几何学体系。

欧几里得公设

1. 任意两点可以画一条直线。

2. 任意线段都可以无限延伸成一条直线。

3. 给定任意线段，以该线段为半径，以一个端点为圆心，可以画出一个圆。

4. 所有直角都全等。

5. 同一平面内，若两条直线都与第三条直线相交，并且在同一边的内角之和小于两个直角和，则这两条直线在这一边必定相交。

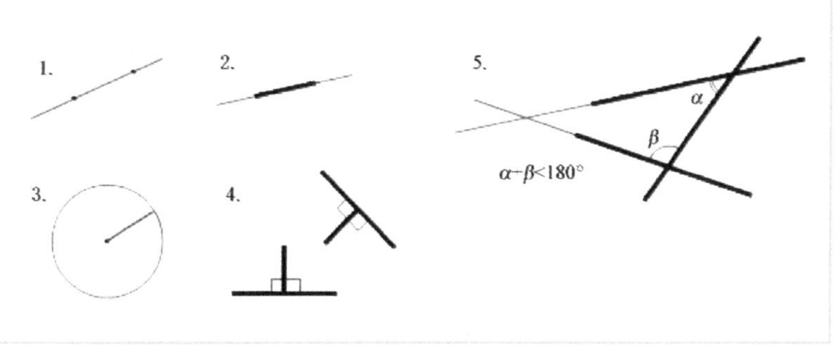

欧几里得是最早严格证明定理的数学家之一。对一个命题进行严格的证明，是数学的基本原则之一。

最早的《几何原本》残片

三角学

三角学是研究三角形内角和边长之间的关系的学科。测量师和制图师对平面三角学特别感兴趣。天文学家对球面三角学特别感兴趣，其涉及球面上的三角形，这些角加起来超过 180 度。

希帕克是古希腊天文学家，他发现了许多重要的天文现象，如“分点岁差”，即太阳在春分时的位置变化，这是由地球自转轴的变化引起的——换句话说，就是地球在自转时的摆动。希帕克编纂了第一本星表。在他之前，古巴比伦人、古埃及人和古希腊人都研究过天文学，并确定了许多恒星在天球上的位置。公元前 129 年，希帕克完成的《希帕克星表》在当时是一部非凡的著作。希帕克测量了大约 850 颗恒星，以纬度和经度来确定它们的位置，其精确度超过了当时其他人的测定，并且希帕克还使用了一个星等系统，以记录恒星的亮度。

对天文学的研究促使希帕克发展了数学的某些分支，他提出了“弦表”的概念。弦是连接一个单位圆上的两点的直线，与给定的圆心角度相对应。角 AOB 的弦（O 是圆的中心，A 和 B 是圆上的两点）就是直线 AB。弦的长度与圆的半径成正比。据泰奥恩说，希帕克写了 12 本关于弦的书，后来遗失了。

人们普遍认为，平面几何中的托勒密定理最初是由希帕克提出的，后来被托勒密所引用。这个定理说明对角线的乘积（它们的长度相乘）等于对边的乘积的和。

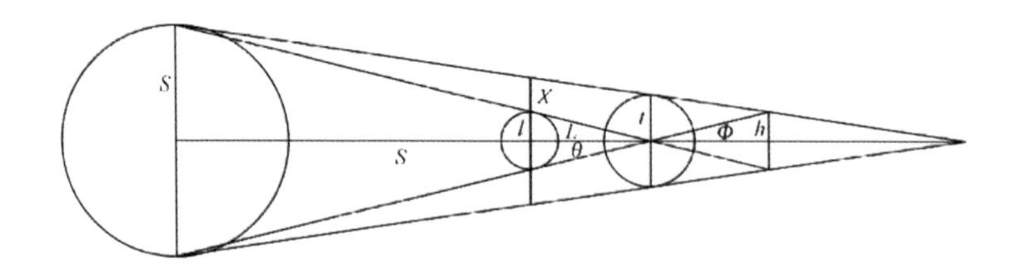

希帕克计算太阳和月亮的相对大小和距离

雷格蒙塔努斯

德国学者约翰·穆勒（Johann Müller）更广为人知的名字是"雷格蒙塔努斯"，他是15世纪最有才能的数学家之一。他在三角学领域做出了重大贡献，三角学在很大程度上是通过他的努力才被认为是数学的一个独立分支的。穆勒的《论各种三角形》是最早出版的关于三角学的伟大著作之一，书中介绍了许多基本的三角学知识。

第四章

音乐中的数学

音乐中的数学

数学和音乐可能看起来风马牛不相及。除非你是数学家，否则你不太可能用脚在地上写方程，但你却可能用脚打拍子。想想数字在音乐中的作用有多大吧。节奏、音阶、音程、拍号、音调和音高都是数学元素。那么数学和音乐是如何联系起来的呢？

音乐与数学关系密切——也许音乐与数学本身无关，但肯定与数学思维之类的东西有关。

——伊戈尔·斯特拉文斯基（Igor Stravinsky），作曲家

音乐发展时间线	
约公元前 6 世纪	毕达哥拉斯进行了声音实验。
1581 年	文森佐·伽利略（Vincenzo Galilei）发现了一个等音阶的调音系统。
1822 年	约瑟夫·傅里叶（Joseph Fourier）证明，任何连续函数都可以产生无穷多的正弦波和余弦波之和。

声音和音量

据说当毕达哥拉斯经过一个铁匠铺时，铁锤声吸引了他的注意力。他注意到，当用一把重量减半的锤子敲击金属时，会发出高一个八度的音。后来，毕达哥拉斯对物体与其发出的声音之间的关系进行了实验，包括拨动不同长度的琴弦、敲击装满不同液体的容器等。

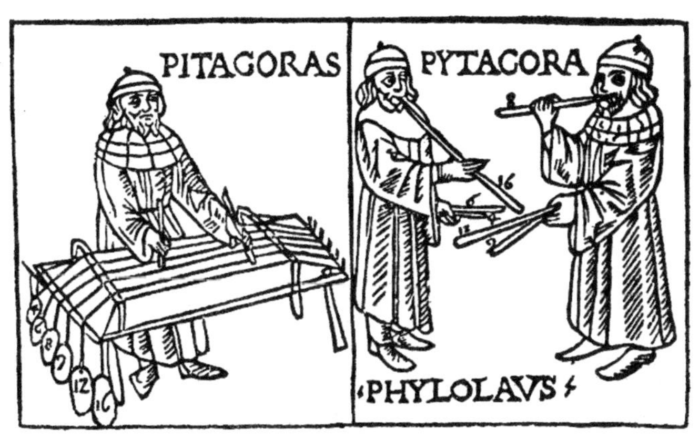

毕达哥拉斯做声音实验

实验的结果是，毕达哥拉斯在物体和声音之间建立了一种数学关系，即物体和其所发出的声音之间存在整数比。例如，如果你拨动两根同样长度、同样材料和同样张力的弦，它们都会发出同样的声音。如果一根弦的长度是另一根弦的长度的两倍，短弦将以长弦的两倍频率振动，那么产生的音符间隔为八度。毕达哥拉斯发现了音度和铁锤重量比的关系——2:1 对应八度音，3:2 对应五度音，4:3 对应四度音。

八度音、五度音和四度音会共同产生一种悦耳的声音——“音乐和弦”。另外，非整数比率的音阶往往会产生不和谐的声音。

毕达哥拉斯成功地用数字解释了一种自然现象，这是前所未有的。毕达哥拉斯认为，整个宇宙都是以数字为基础的，行星和恒星的运动都是根据与音符相对应的数学方程进行的。

声音是由振动产生的，振动的频率越高，我们感知的声音音调就越高。一架钢琴的中央C的上方六度音A的频率为440 Hz（这被称为标准音——供其他乐器调音）；将频率加到880 Hz，会产生比原来高一个八度的A。

费奥多尔·布龙尼科夫的画作描绘了毕达哥拉斯为日出欢呼的场景

主要问题

20世纪早期，标准音的频率为439 Hz。1939年5月，在伦敦召开的一次国际会议上，各国确认了以440 Hz为标准音。为什么会这样呢？答案可能与无线电广播有关。当时，收音机被广泛使用。英国广播公司用压电晶体控制的振荡器产生了一个调谐音符，该振荡器的振动频率是100万Hz。

五度相生律

古希腊人使用的最古老的 12 音音阶调音方法叫作五度相生律，它是用 3:2 的比率建立在五度音上的。如果第一个音符的比率是 3:2，下一个音符的比率是 3:2 以上，那么第三个音符与第一个音符的比率是 9:4，但这意味着第三个音符的音高比第一个音符高出一个八度。为了使它们在同一范围内，我们将它们减少一个八度，并给出 1.125:1（或 9:8）的比率。因此，我们现在有三个音符，即基准音。我们可以继续使用此方法生成附加音符，用 12 个步骤就产生了所有 12 个音阶的音符，在结束时，最后一个音符比开始时的音符高了一个八度。

乐师在给小提琴调音

不幸的是，这种方法有一个缺陷，这些数字根本就不能累加。古希腊人重复使用 3:2 的比率，结果第 12 个音符实际上并没有比第一个音符高出一个八度。事实上，最后的最高音与基准音的比率不是2:1，它与基准音的比率是2.027:1。这对古希腊人来说并不重要，他们只是简单地避免了那些稍微走调的音符。当音乐变得更加复杂时，古希腊调音方法的局限性就暴露了，人们开始使用十二平均律，它是建立在无理数基础上的。

十二平均律

十二平均律是指八度的音程按比例地分成十二等份，每一等份称为一个半音小二度。佛罗伦萨音乐理论家文森佐•伽利略（著名天文学家伽利略的父亲)在1581年发现了一个等音阶的调音系统。法国数学家马林•梅森（Marin Mersenne）在1636年介绍过类似的调音系统。18 世纪末，法国和德国的音乐家和乐器制造商已经广泛采用了十二平均律。

要在12个步骤中达到八度音的2:1的比率，要求每一步之间的比率如下：当乘以它的12次方时，其比率为2:1。换言之，$x^{12}=2$，这意味着十二平均律是建立在2的12次方根基础上的(无理数)，其比率约为1.0595:1。这样，在调音时，第五个比率是1.498:1，与毕达哥拉斯的1:5很接近，但纯属巧合。然而，第三个比率是1.26:1，这显然不同于毕达哥拉斯的4:3（1.25:1）。

无理数

毕达哥拉斯学派认为所有的数字都可以用两个整数的比值来表示，这些数字被称为有理数。当我们发现有些数字不能用简单的比值来表示时，一定会感到有些震惊。

一个直角三角形是通过沿着对角线切割一个正方形而形成的。三角形的两条边是1个单位长，根据毕达哥拉斯定理，第三条边必须等于 2 的平方根。这是多长？毕达哥拉斯的学生希帕索斯（Hippasus）试图解出这个方程，但他发现无法用两个整数的比值来表示这个数。据说，毕达哥拉斯被这个发现吓坏了。

显然 $\sqrt{2}$ 不是一个整数，它介于 1 和 2 之间——1.4142135623730950… 小数点继续扩展到无穷大，我们找不到与这个数相等的整数分数。

一幅希帕索斯在思考无理数时溺水的漫画

声音和傅里叶

法国科学家傅里叶在研究热量从一个地方传递到另一个地方

的方式时表示，无论波形多么复杂，都可以将它分解成组成它的正弦波，这一过程称为傅里叶分析。因此，声波可以用组成它的正弦波的振幅来表示，这组数字被称为声音的谐波频谱。各种现代技术，如无线电通信、降噪耳机和各种语音识别软件都依赖于傅里叶分析。

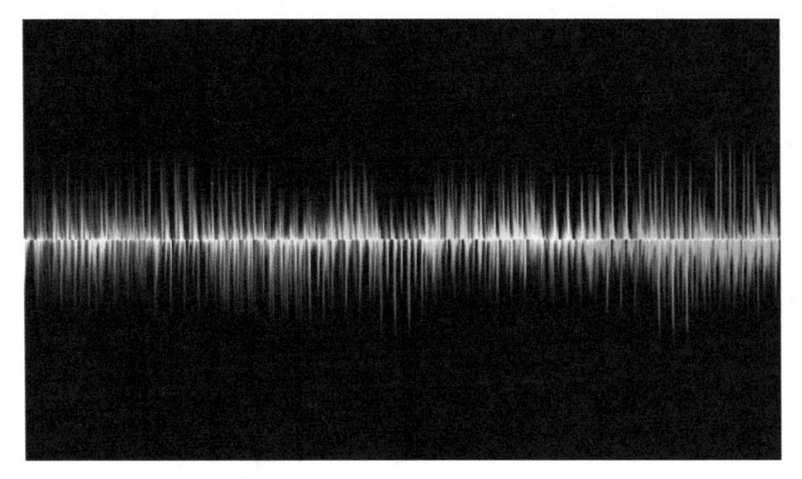

通过傅里叶分析将复杂波分解成更简单的波形

第五章

绕不尽的圆圈——发现圆周率 π 之路

绕不尽的圆圈——发现圆周率π之路

在几何中，无论圆的大小如何，其直径与周长的比率总是相同的。这个比率叫作π，用符号π表示，它是所有数学常数中较为著名的一个。

这个比率的第一次计算是由锡拉丘兹的数学家阿基米德（Archimedes）完成的。从那以后，数学家运用了多种巧妙的方法，确立更精确的圆周率值。π是一个没有精确值的无理数，它是一个无限长的数字串。

几个世纪以来，为了更好地理解圆周率的数学含义，人们付出了很多努力，并取得了许多进步。

用圆周率来计算圆的周长

圆周率 π 的发展时间线	
约公元前 2000 年	古巴比伦人和古埃及人认为圆周率略高于 3。
约公元前 250 年	阿基米德认为 π 介于 223/71 及 22/7 之间。
1706 年	威尔士数学家威廉·琼斯（William Jones）是第一个使用符号π的人。18 世纪中叶，π的概念由瑞士数学家莱昂哈德·欧拉（Leonhard Euler）加以推广。
1768 年	约翰·朗伯（Johann Lambert）证明了π是一个无理数。
1882 年	德国数学家费迪南德·冯·林德曼（Ferdinand von Lindemann）证明了 π 是一个超越数。

史前的圆

在整个人类历史上，人们对圆都十分着迷。世界各地的史前岩石艺术通常以圆形为特征。巨石阵和其他巨石纪念碑呈圆形排列。人们认为巨石阵有一些天文方面的用途，因为它与一些自然事件相吻合，如冬至和夏至的日出。

巨石阵是一个直径 87 米的圆形凹坑。通过计算机分析，约翰逊证明了这个多边形仅仅是用一根绳子和一根柱子创建的。他认为，巨石阵测量师首先用绳子画出了一个圆，然后在圆周上画出正方形的四个角，接着画出第二个类似的正方形，形成一个内八边形，然后用八边形的点作为绳子的锚点，最终形成一个巨大的五十六边形。约翰逊还认为，五十六边形是最复杂的，他说：“巨石阵的建造者有一套很复杂的知识体系，这比毕达哥拉斯几何学还要高深。”

英国的巨石阵

一个圆的周长与直径之比对于任何大小的圆来说都是一样的，几千年前人们就已经知道了这一点，这个比率最终被称为π——由希腊字母π表示。古埃及人计算出了它的值：约为3.16。古巴比伦人采用3.12这个值，他们在一个圆内刻上一个六边形并假设六边形的周长与圆的周长的比率是24/25。

大约在公元前250年，阿基米德将曲线内的区域细分成若干个小条，从而算出曲线内的面积。他计算了每个小条的面积，并把它们加在一起，得到了答案。这个方法是积分学的前身，在大约2000年后，艾萨克·牛顿（Isaac Newton）和戈特弗里德·莱布尼茨（Gottfried Leibnitz）提出了微积分。

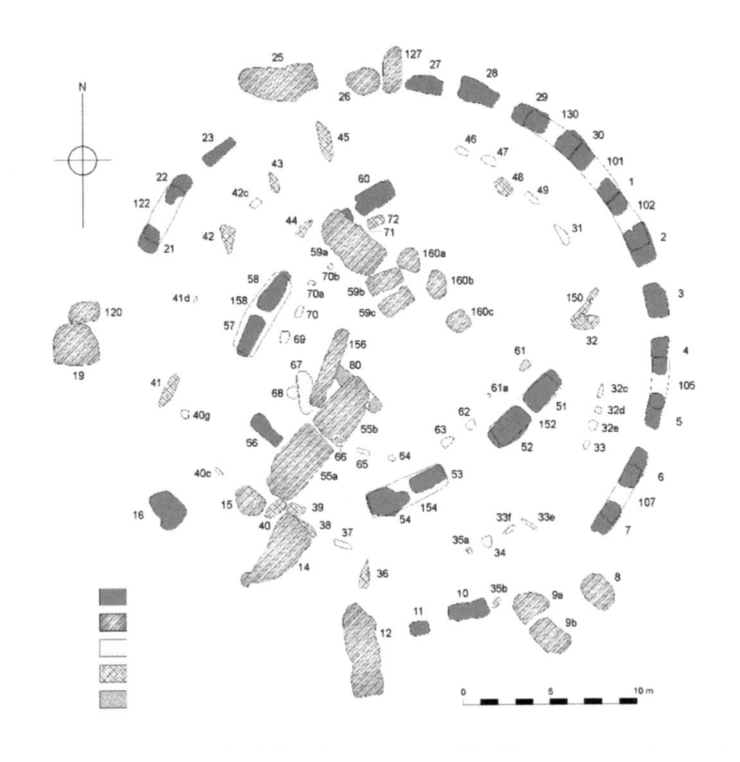

巨石阵遗址的平面图

阿基米德

锡拉丘兹的阿基米德是广为人知的最伟大的科学家之一。他是工程师、物理学家和数学家，他对数学的发展产生了深远的影响。

阿基米德发明了以自己名字命名的用于灌溉的螺杆泵，以及杠杆和滑轮的多种应用，他还提出了著名的阿基米德原理。据说，恍然大悟的阿基米德光着身子从浴缸里跳出来，大喊“我找到了！”（这段逸事不管真假，都被载入了科学史。除了计算圆周率，他还提出了求几何体表面积和体积的计算方法。）

阿基米德使用的计算圆周率值的方法与《莱茵德纸草书》中的方法类似。然而，他没有使用八角形，而是使用了一个九十六边形。阿基米德通过计算弧的长度来计算圆的面积，在两个多边形中，一个多边形内接在圆内，另一个多边形在圆外。圆的实际面积就在两个多边形的面积之间，这就确定了圆的面积的上限和下限。阿基米德并没有算出圆周率的准确值，他得到了一个近似值：3.1418。

位于锡拉丘兹的阿基米德雕像

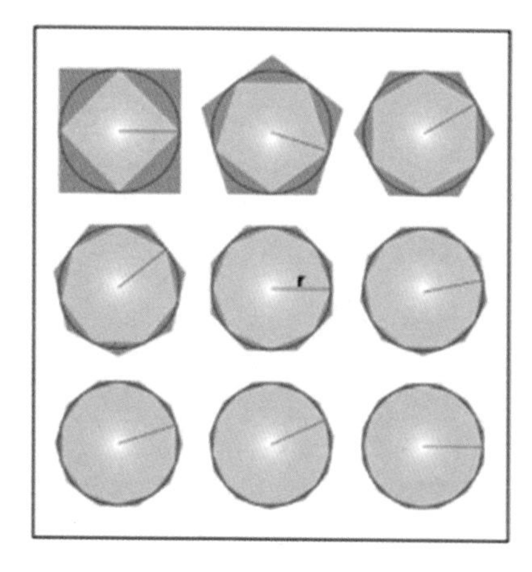

阿基米德计算圆的面积的方法

阿基米德计算圆周率的方法在此后的 18 个世纪里被全世界的数学家采用。1596 年，荷兰数学家鲁道夫·范·科伊伦（Ludolph van Ceulen）将圆周率计算到小数点后第 35 位，他一生的大部分时间都在计算圆周率，他的墓碑上还刻着圆周率。

科伊伦的墓碑

无穷级数

16 世纪和 17 世纪，无穷级数的发展极大地提高了数学家确定 π 的值的能力。无穷级数是无穷数列的所有项之和。公元 1500 年左右，印度天文学家尼拉卡莎·萨默亚士在一首梵文诗中介绍了一个可以用来计算 π 的无穷级数。

布丰投针

18 世纪，法国数学家乔治·布丰（George Buffon）发明了一种测定圆周率的方法——随机投针法。1901 年，意大利数学家马里奥·拉扎里尼（Mario Lazzarini）尝试了这个方法，进行了 34080 次掷针，得到了 π≈355/113≈3.1415929 的结果，这似乎非常准确

——然而，一些数学家对此存疑。随意选择投掷次数有可能会导致这个方法失败，拉扎里尼可能一直等到结果与π接近之后才停止了实验。

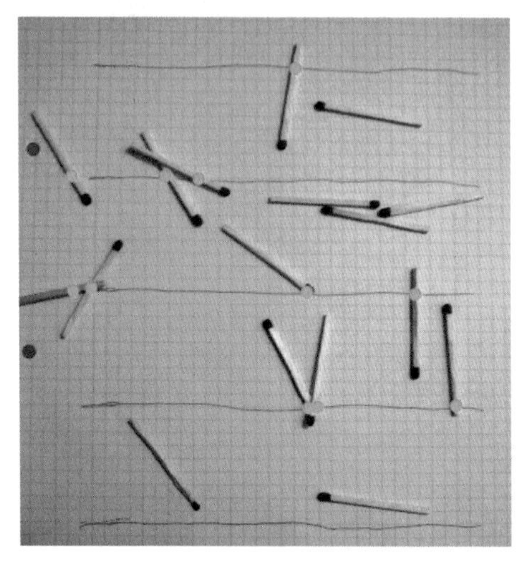

用火柴棒演示的用布丰投针的方法计算圆周率

1665 年，牛顿用无穷级数及微积分计算π到小数点后 15 位。π的小数点后 100 位是在 18 世纪初被算出来的。在没有计算器或计算机时，1946 年得到的π的小数点后 620 位是当时最好的成果。2016 年 11 月，在连续 105 天的计算之后，数学家彼得·特鲁布（Peter Trueb）计算到了π的小数点后 22.4 万亿位。你知道这个数字有多长吗？如果把它打印出来，它可以填满几百万本 1000 页的书。特鲁布使用的计算机配备了 24 个硬盘，以存储不断生成的大量数据。

我们还要走多远?

从事高精度工作的工程师发现，接近π是非常有价值的。在计算星际空间探测器的航向时，美国国家航空航天局使用的π的值为3.141592653589793。

新视野号宇宙飞船和冥王星

第六章

零——无中生有

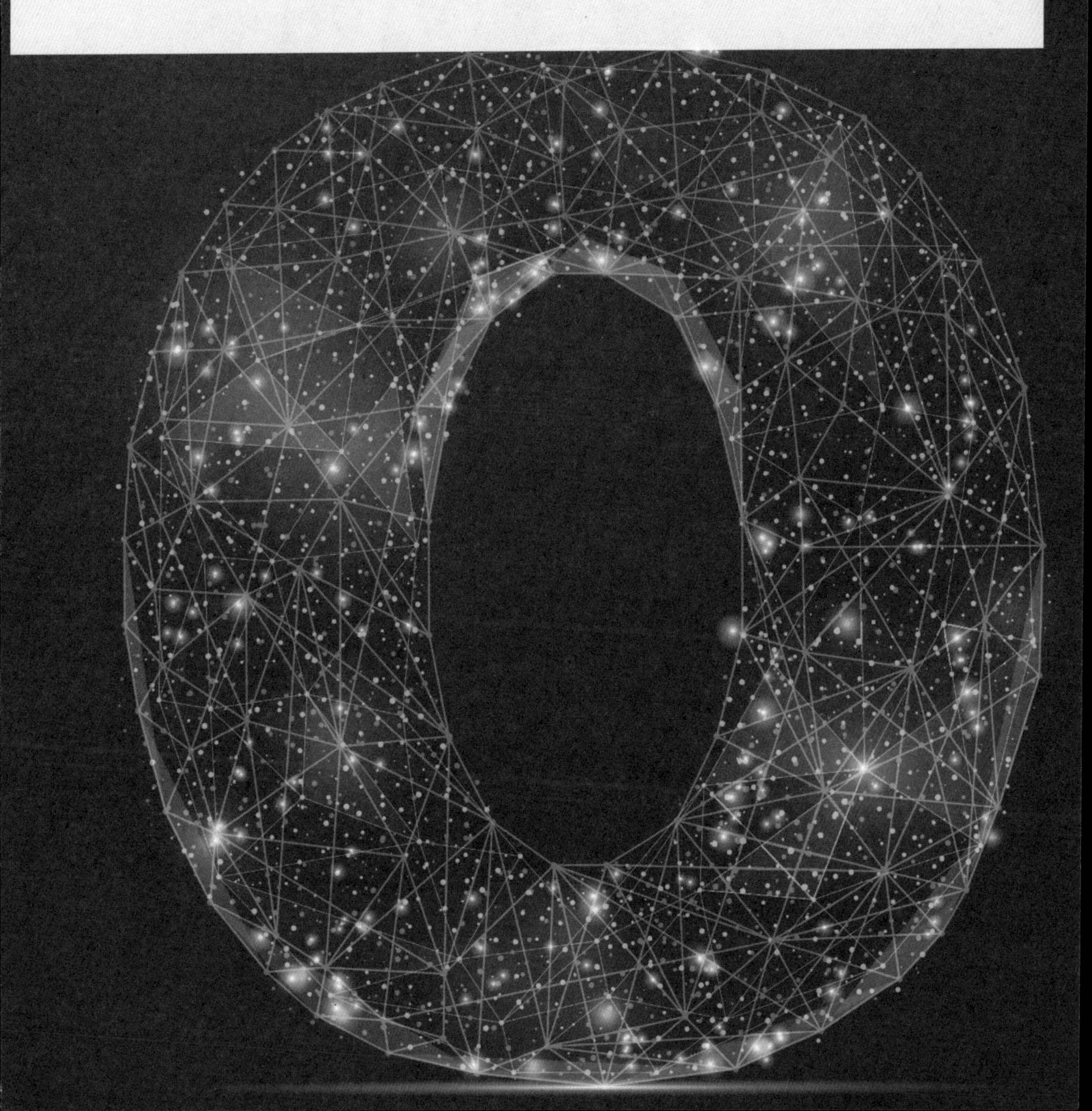

零——无中生有

数字是用来计算在现实世界中实际存在的东西的。但是我们怎么计算那些不存在的东西呢？例如，一个空盒子里有多少个橘子？5 世纪，印度数学家提出把零当作一个单独的数字而非占位符。

很难想象没有零的生活

9 世纪，印度中部瓜廖尔神庙的石碑上记录了零的用法。零彻底改变了数学，它对笛卡儿坐标系的发展至关重要，它还深刻影响了牛顿和莱布尼茨对微积分的研究。

瓜廖尔神庙的入口

零的发展时间线	
约公元前 700 年	巴比伦人用零作为数字系统的占位符。
公元 628 年	印度数学家婆罗摩笈多（Brahmagupta）使用了零，并制定了零与其他数字一起使用的规则。
9 世纪	印度瓜廖尔神庙的石碑上记录了零的用法。

对零的需求

对零的需求其实并不多。当我们识数时，一般会从一开始，而不是从零开始。数字是用来计数的，它代表了现实世界中的某些东西——五只羊、十棵树、两个孩子。在很久之后，才有人意识到我们需要用一个数字来表达“无”的概念。

使用零

0 有两种重要的用途，一种是作为占位符，如 2001 年与 21 年大不相同。0 的第二个用法是单独作为一个数字。

很多人认为发明了位值系统就意味着使用了占位符，但是，巴比伦在没有零的时候也很好地运转了几个世纪。直到公元前 400 年左右，巴比伦人才使用了两个楔形符号来表示空位。其他符号也被使用过——美索不达米亚的一张早期表格，使用了三个钩形符号来表示空位。

双楔形符号表示为零的占位符

古希腊人对零不感兴趣

古希腊人没有采用位值系统。正如我们所见，古希腊人大多是多才多艺的数学家，他们对几何学感兴趣。古希腊人使用的希腊数字基于古希腊字母表中的字母，他们没有使用专门的数字符号。

然而，在记录天文数据时，古希腊数学家使用了符号 0。一些数学史学家认为 0 代表了 Omicron——“什么都不是”。其他人则不认同这种说法，他们指出在基于古希腊字母表的数字系统中，Omicron 代表过 70 了。另一种观点是，0 代表“欧宝”（Obol），Obol 是一种没什么价值的硬币。不管怎样解释，占位符 0 的使用并未确立下来。之后的几个世纪，0 都没有出现过，很久之后，0 才在印度出现。

印度的数学家

1881 年，人们在巴克沙利村（巴基斯坦境内）发现了一份古代手稿，它可能写于公元 400 年左右。手稿中记录了各种数学规则，阿拉伯数字的使用方法也被记录了下来，后来它演变成了我们今天所熟悉的数字规则。在手稿中，使用了一个点来表示 0，从而完全实现了十进制系统。

婆罗摩笈多

印度数学家婆罗摩笈多的《婆罗摩修正体系》于公元 628 年写成，是重要的数学教材之一。它标志着 0 第一次从占位符变为单独的数字。

婆罗摩笈多是一位著名的天文学家，也是一位天才数学家。《婆罗摩修正体系》包含与代数、数论和几何学有关的知识，但最重要的是，它包含了一套新的算术规则，婆罗摩笈多制定了这些规则，其中包括数字 0 的用法。

第一个 0

公元 876 年，瓜廖尔神庙的一块石碑上的铭文中记录的 0 的用法被发现。石碑上雕刻着数字 50。石碑上的 50 几乎和今天我们使用的 50 一样，不过其中的 0 较小，位置也略高一些。

婆罗摩笈多提出，如果用一个数字减去它本身，就会得到 0。他还为 0 的加法制定了以下规则：0 和负数之和为负数，0 和正数之和为正数，0 和 0 之和为 0。他还制定了关于 0 的减法的规则：

- 0 减去负数为正数，
- 0 减去正数为负数，
- 负数减去 0 为负数，
- 正数减去 0 为正数，
- 用 0 减去 0 等于 0，
- 数字乘以 0 等于 0。

这些对 21 世纪的数学家来说都很简单，但在当时，其他人没有思考过这些问题。

进入负数地带

婆罗摩笈多的研究没有在零上停止，他继续研究了当时几乎无人研究的负数。人们对负数的需求有多少呢？一个盒子怎么能装负三根香蕉呢？

在早期的巴克沙利手稿中，婆罗摩笈多提出了他的观点：少了三根香蕉意味着我欠别人三根香蕉。零是平衡点，表示两边都没有欠款。婆罗摩笈多把正数、负数、零综合在一起，组成了完整的数字系统。

在婆罗摩笈多制定的许多算术规则中，他提出了一个至今仍困扰着许多小学生的算术规则，即如果把两个负数相乘，那么结果就是一个正数。但是如果用正数乘以负数，那么结果就是负数。

负数——婆罗摩笈多把正数、负数和零组成完整的数字系统

除数为 0

关于除数为 0 的问题，婆罗摩笈多几乎没有发言权。把数字除以 0 代表什么意思呢？例如，如果你有 12 根香蕉，想把它们分成一堆一堆的，每一堆有 0 根香蕉，你要堆多少堆？公元 830 年，摩诃毗罗（Mahavira）修订了婆罗摩笈多的书，他写道：“当一个数字除以 0 时，其值保持不变”，显然这是错误的。

在 300 年后，婆什迦罗得出了结论：一个除以 0 的数会变成一个分数，其分母为 0，这个分数被称为无穷大。当然，这也是错误的。如果这个结论是对的，那么就意味着 0 乘以无穷大等于所有的数字，这显然不可能。印度的数学家无法接受除数为 0 是无意义的，他们认为当除数为 0 时，结果是“不确定的”。

零是个“英雄”

早期的数学家可能不愿意接受零，但现在我们很难想象没有零的生活。现代科学和数学离不开零。在温度计上有零度；零把正数和负数分开；零是一个占位符；在二进制系统中，零意味着“关”。零甚至被用在日常语言中，当我们专注于某事时，我们会说“瞄准它的零点”，“不用等待”我们会说成“零等待”等。“无”能生有，零真是个“英雄”！

第七章

代数——解决未知问题

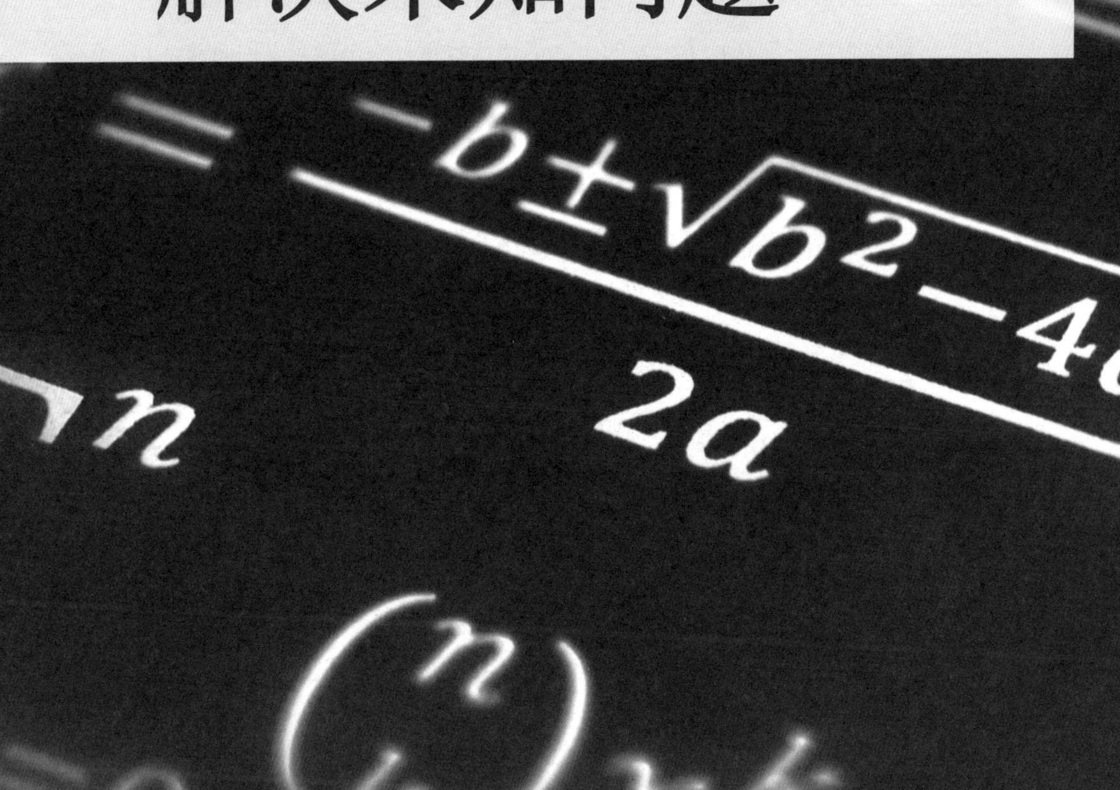

代数——解决未知问题

代数就是通过解方程计算出未知的量。与化学方程一样，数学方程必须是平衡的——一边必须和另一边相等——所以如果你知道一边的值，那么你自然就能算出另一边的值。代数有许多应用领域，如金融和科学领域。

代数的起源可以追溯到古埃及和古巴比伦的数学家。中世纪，阿拉伯数学家花拉子密写的一本书使代数第一次出现在人们面前。文艺复兴时期，数学家发现了求解三次方程的方法，笛卡儿发现了把代数与几何联系起来的方法。

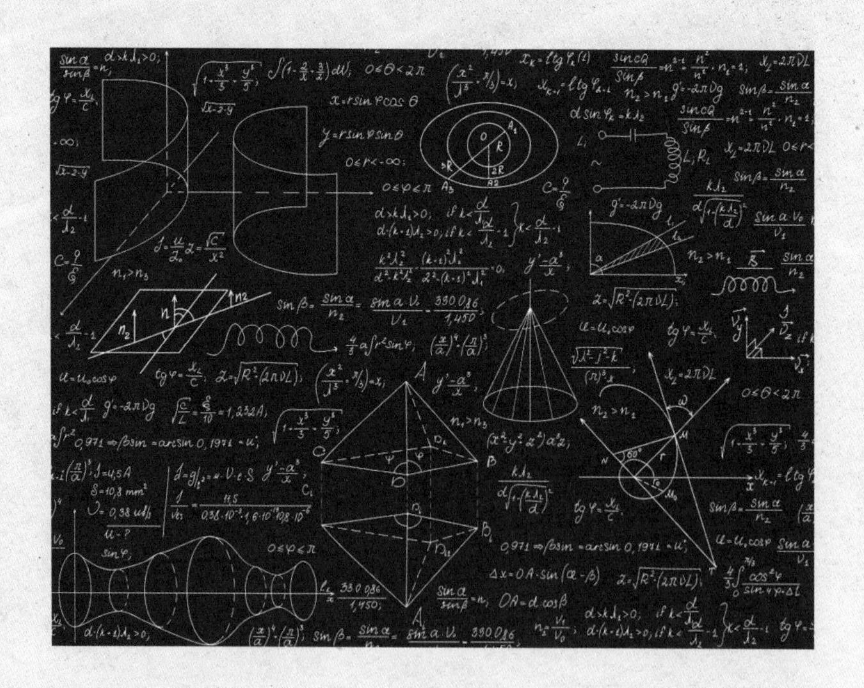

代数发展时间线	
约公元前 1950 年	古巴比伦人发现了解二次方程的方法。
公元 250 年	丢番图（Diophantus）出版了《算术》一书。
约公元 830 年	花拉子密发表了他的巨著《代数学》。
1535 年	尼科洛·丰坦纳（Niccolò Fontana）解出了三次方程。
1572 年	拉斐尔·邦贝利（Rafael Bombelli）引入了虚数的概念。
1591 年	弗朗索瓦·韦达（François Viète）用字母表示已知和未知的量。

早期的方程

埃及现存的莱茵德纸草书表明，埃及人能够解出 $4x+3x=21$ 之类的简单方程。只要他们知道一个场地的长度和宽度，就可以计算出它的周长和面积。然而，他们在求解时没有使用符号。

使用二次方程来确定场地面积的一块古巴比伦泥板

现存的泥板表明古巴比伦人能够解出二次方程和三次方程的未知量。但他们的方法延续了一题一解的思路，没有人能够制定一套通用的规则来解决类似的问题。

古希腊人对几何学感兴趣，然而，几何学在代数和方程求解方面几乎没有作用。

3 世纪，亚历山大的希腊数学家丢番图是一位早期的革新者，他发明了原始的方法来解决二次方程问题，但他没有使用负数和0。对丢番图而言，任何一个有负数的解题方法都是荒谬的。丢番图为特定问题提供了特定的解题方法，但没有给出普遍适用的解题方法。

丢番图引入了一种象征符号，但它更像是一种速记符号，而不是现在的数学家在求解时所用的那种能够重新排序的符号。他的《算术》明确地记载了代数学方面的知识。

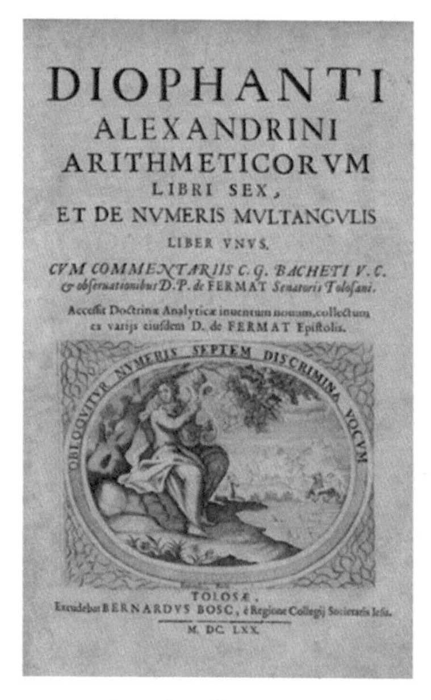
DIOPHANTI
ALEXANDRINI
ARITHMETICORVM
LIBRI SEX,
ET DE NVMERIS MVLTANGVLIS
LIBER VNVS.
CVM COMMENTARIIS C. G. BACHETI V. C.
& obseruationibus D. P. de FERMAT Senatoris Tolosani.
Accessit Doctrinæ Analyticæ inuentum nouum, collectum
ex varijs eiusdem D. de FERMAT Epistolis.

TOLOSÆ,
Excudebat BERNARDVS BOSC, è Regione Collegij Societatis Iesu.
M. DC. LXX.

丢番图的《算术》的封面

随着希腊和印度的数学著作被翻译成阿拉伯语，希腊和印度的数学知识传播到了伊斯兰国家，这使伊斯兰国家的数学和天文学得到了发展，来自希腊、印度和其他地方的数学思想融合在了一起。

花拉子密是巴格达“智慧之家”的学者，也是天文学家、地理学家和数学家。约公元 830 年，他出版了一本名为《代数学》的书，书中记载了通过移项和合并同类项来计算的方法。他提出了“Alğabr”一词，后来演化为“Algebra”（代数）。他还使用一个小圆圈作为占位符，而不是在数列中留下空白，阿拉伯人称之为圆圈或“空”，由此我们得到0这个数字。

巴格达“智慧之家”

花拉子密写《代数学》的目的是教给人们最简单最有用的算术方法。与当时的普遍做法一样，花拉子密没有使用任何符号。后来数学家将 x 标记为一个未知量，花拉子密则称其为“Shay”，意思是“事物”。

花拉子密从抽象的角度来思考问题，他提供了求解方程的方法，为当时的科学家和官员提供了解决实际问题的工具。

花拉子密的名字成了“算法”

花拉子密的《代数学》被翻译成了拉丁文，与他写的另一本关于印度十进制的书一起被广泛传播，他的名字成为数学语言的一部分。花拉子密的名字“Al-Khwārizmi”变成了“Alchoarism”，然后又变成“Algorismi”，最后成为“algorithm”（算法）。

移项和约减

中世纪西班牙的理发店都会挂一个招牌——Algebrista y Sangrador（意思为接骨兼放血），这并不意味着理发店会帮你解决代数问题，而是意味着“接骨师和修面师”——过去这些都是理发师的技能。Algebrista 源于阿拉伯语，意思是移项。花拉子密将移项描述为把 $x=y-z$ 变为 $x+z=y$ 的过程，换言之，就是在等号的另一侧重置一个负项，使其变为正项。约减是把 $x=y+z$ 变为 $x-z=y$。这两个例子都遵循一般规律，即无论方程的一边出现了什么变化，另一边也必须出现同样的变化。在第一个方程中，两边都加上了 z；在第二个方程中，两边都减去了 z。

绘有花拉子密头像的邮票

未知数 X

法国数学家韦达于 1591 年首次提出用字母来表示方程中的系数和未知数，这标志着新型代数的诞生。

我们现在使用的标准代数赋值法是由笛卡儿在他的《几何》中提出的，笛卡儿用字母 a、b、c 表示已知数，用 x、y、z 表示未知数。当为《几何》这本书排版时，印刷工发现缺少字母，于是就问笛卡儿使用 x、y、z 是否有什么不同。笛卡儿回答：使用这三个字母中的任何一个都可以，后来印刷工决定使用 x，因为在其他地方使用 x 的频率较低。所以，那个印刷工的决定使我们有了 X 光片、X 文件和 X 因子。

变量 X

除了表示未知数，x 或其他占位符都可以表示变量。代数方程对于那些希望总结事物运动的一般规律的科学家来说是非常有用的。例如，牛顿定律 $F=ma$，力 F 等于质量 m 乘以加速度 a。我们知道这三个量之间总是有相同的关系，所以如果我们知道其中两个值，就可以计算出第三个值。

花拉子密找到了一种解二次方程的方法，从 $ax^2+bx+c=0$ 这个方程开始，其中 a、b 和 c 是任意数字，得到的解是：

$$x=\frac{-b+\sqrt{b^2-4ac}}{2a}$$

所有二次方程都可以用花拉子密的公式来求解，但其他类型的方程就不那么容易求解了。x 的三次方程有三个不同的解，而四次方程可能有四个解。因此，数学家继续寻找更多的求解方法。1070 年，《鲁拜集》的作者欧玛尔·海亚姆（Omar Khayyam）写了一篇关于代数的论文，他介绍了用圆锥曲线解三次方程的方法。

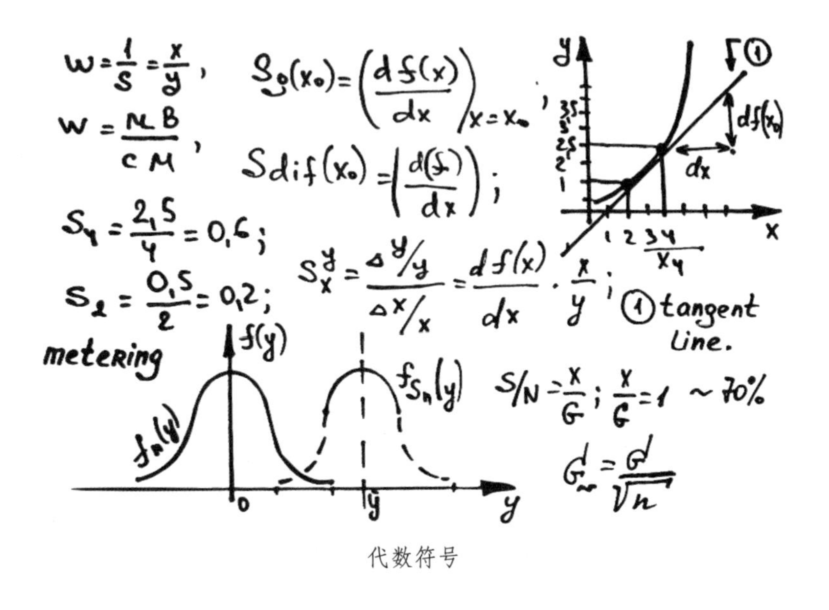

代数符号

关于三次方程的“斗争”

文艺复兴时期的数学家都很好斗，他们经常通过比赛解决一些令人困惑的问题，正是这样，他们在求解三次方程方面有了进展。

在这些比赛中，高手云集，新方法都被大家小心翼翼地隐藏着。据说，希皮奥尼·德尔·费罗（Scipione del Ferro）已经研究出了求解三次方程的方法，在当时激烈的竞争氛围中，掌握了该方法就占据了优势。因此，费罗对他的方法秘而不宣。在临死前，他才把该方法教给了少数几个人，其中包括他的助手安东尼奥·玛丽亚·菲奥尔，不过菲奥尔也只学到了三种解法中的一种。

口吃者尼科洛

尼科洛·丰坦纳是意大利的数学家。在十二岁时，他被人用一把刀砍伤了嘴，由此造成语言障碍，换句话说，他是个口吃者，因此被人称为“塔尔塔利亚”——发音接近 Stammerer（结巴）。他对数学做出了重要贡献，他将希腊语版的欧几里得的《几何原本》翻译成了意大利语，并纠正了许多翻译错误。然而，真正为他赢得声誉的是求解方法。1535年，在一场以三次方程为主题的比赛中，他迎战了费罗的助手菲奥尔。

QVESITI,
ET INVENTIONI
DIVERSE
DE NICOLO TARTAGLIA,
Di nouo restampati con vna Gionta al sesto libro, nella quale si
mostra duoi modi di redur vna Città inespugnabile.
*La diuisione, & continentia di tutta l'opra nel seguente foglio si
trouarà notata.*

尼科洛·丰坦纳

比赛规则为参赛者为对手出题，并要求对手在四五十天内提供解题方法。菲奥尔出的题目是：解出“x 的三次方加 x 的一次方等于某数”的三次方程，费罗向他传授了解题方法，菲奥尔认为只有他自己知道这个秘密。

但就在临近截止日期时，丰坦纳突然灵光乍现，他不仅解出了菲奥尔的题目，还得到了所有三次方程的一般解法，这是一项惊人的成就。在那之前，大多数数学家都认为解三次方程是不可能完成的任务。丰坦纳将他的解题方法编成了诗歌，不过其他数学家难以理解其中的奥秘。

两面派卡尔达诺

不出所料，丰坦纳的解题方法引起了人们的关注，其中一个感兴趣的人是吉罗拉莫·卡尔达诺（Gerolamo Cardano）。卡尔达诺是一个狂热的赌徒，也是一流的数学家和医生，他想从丰坦纳那里获得解三次方程的方法。起初卡尔达诺被拒绝了，后来他向贫穷的丰坦纳承诺为他介绍一位富有的赞助人，以换取这个秘密。

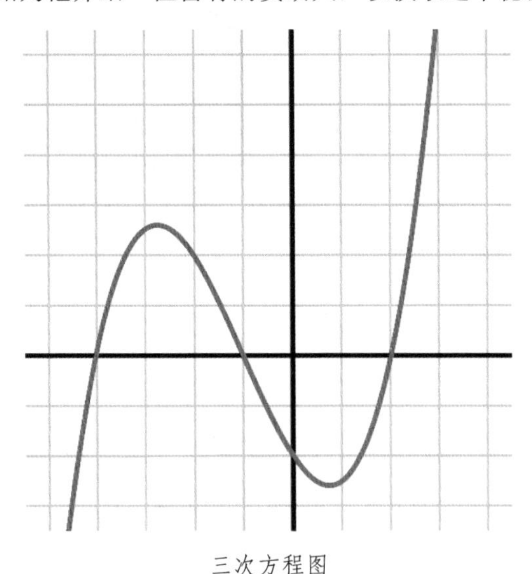

三次方程图

卡尔达诺与他杰出的学生洛多维科·费拉里（Lodovico Ferrari）合作，着手拓展丰坦纳的解题方法。费拉里意识到他也可以使用类似的方法来求解四次方程。基于对几何学的理解，希腊人认为四次方是不可思议的。如果平方代表面积，立方代表体积，那么四次方就是四维领域。

卡尔达诺曾向丰坦纳保证，不会公开发表丰坦纳的成果。但卡尔达诺还是在 1545 年出版了《大术》，其中包括丰坦纳对三次方程的解法，以及费拉里对四次方程的解法。虽然卡尔达诺在书中表明这是丰坦纳和费拉里的研究成果，但丰坦纳还是非常愤怒，并开始与卡尔达诺争夺这本书的版权。

费拉里对三次方程和四次方程的研究超过了丰坦纳，当他们再次对决时，丰坦纳很快甘拜下风，退出了比赛。此后丰坦纳的名声大不如前，最终他穷困潦倒、黯然离场。现在，三次方程的一般解法的公式通常被称为卡尔达诺公式，而不是丰坦纳公式。

想象的数字

卡尔达诺在研究三次方程时遇到了一个问题，这个公式有时涉及负数平方根。这似乎是不可能的：毕竟一个负数乘以它本身会产生一个正数，那么负数怎么会有平方根呢？换句话说，方程 $x^2=-1$ 没有解。

尽管如此，卡尔达诺和其他代数学者都发现，$\sqrt{-1}$ 这在求解四次方程时出现的频率越来越高了。是哪里出错了吗？他们发现，$\sqrt{-1}\times\sqrt{-1}$ 仍然会得到-1。

1572 年，拉斐罗・邦贝利出版了《代数》一书，这个问题得到了解决。在这本书中，他为数字系统制定了规则，该系统包含诸如$\sqrt{-1}$这样的数字。后来笛卡儿将这些数字视为“虚构的数字（虚数）”。尽管当时的数学家还没有意识到虚数是真正的数字，但他们开始有信心地研究虚数了。

虚数 i

18 世纪，数学家莱昂哈德·欧拉（Leonard Euler）给$\sqrt{-1}$取了个名字，即“i”或“虚拟单位”，其他虚数是 i 的倍数。邦贝利的数字系统包括另一种类型的数。除了实数（如 5，−3 和 π）和虚数，还有复数，复数由实数和虚数组合而成，如 $a+bi$，其中 a 和 b 是任意实数，$i=\sqrt{-1}$。最终，当数学家进一步探索复数时，他们意识到了复数是多么强大。

复杂的几何

复数引发了数学革命。1797 年，卡尔·弗里德里希·高斯（Carl Friedrich Gauss）发表了他的成果，任何由实数建立的方程都可以用复数来求解。然而，高斯的理论存在一些缺陷。由复数建立的方程是什么？数学家需要进一步扩展数字系统吗？

1806 年，罗贝尔·阿尔冈（Robert Argand）解决了这个问题，他提出任何复数 z 都可以写成 $a+bi$ 的形式，其中 a 是 z 的实部，bi 是虚部。阿尔冈实现了用几何图表示数字系统。如果我们把（a，b）看作笛卡儿坐标，我们就可以探索复数的几何结构。如果沿着 x 轴绘制实数、沿着 y 轴绘制虚数，那么它们之间的整个平面就变成了复数，这被称为阿尔冈图。在这个图中，i 表示平面旋转 90 度。

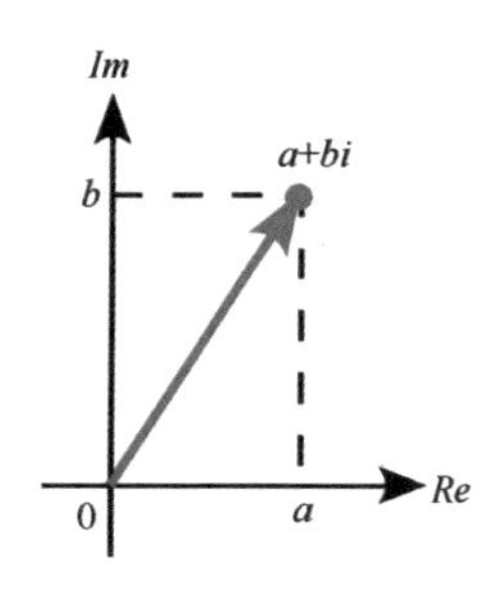

阿尔冈的复数方程图

阿尔冈证明了用复数建立的每一个方程的解都可以用几何图表示，所以没有必要扩展数字系统。

第八章

透视物体

透视物体

怎样才能使一个平面的、二维的图像产生一种立体感？答案是使用线性透视法。透视是在二维平面上描绘三维物体的艺术手法。透视的原则最早是在 15 世纪由佛罗伦萨建筑师布鲁内列斯基（Brunelleschi）制定的。物体在平面上的投影称为射影几何，这是由吉拉德·笛沙格（Girard Desargues）提出的。

透视是使二维图像变为三维图像的关键

透视发展时间线	
公元前 5 世纪	雅典的阿戛塔耳库斯（Agatharchus）发明了风景画。
13 世纪	意大利画家乔托在他的画中创造了一种立体感。
约 1420 年	布鲁内列斯基阐述了他对透视的理解。
1435 年	莱昂·巴蒂斯塔·阿尔伯蒂（Leon Battista Alberti）为线性透视建立了数学基础。
约 1470 年	皮耶罗·德拉·弗朗切斯卡（Piero della Francesca）提出了关于透视的几何理论。
约 1639 年	笛沙格提出了射影几何理论。

幻觉的艺术

古希腊人对在舞台布景中创造透视效果很感兴趣，他们称这种方法为“布景法”或“幻觉主义”。早在公元前 5 世纪，雅典的画家阿戛塔耳库斯等人就对透视进行了研究。阿戛塔耳库斯写了一篇关于使用聚合透视法的文章，一些几何学者也分析了透视法，庞贝壁画也采用了透视法。

古希腊剧场使用布景法

埃及人完全忽视了透视法。对他们来说，重要的是根据社会地位来画图。5 世纪至 15 世纪，拜占庭艺术同样忽略了透视法，而在中国绘画中，透视法直到 17 世纪才得到重视。

庞贝壁画使用了透视法

透视法与文艺复兴

物体离观察者越远，看起来就越小，从观察者延伸出的平行线和平面汇聚在一个“消失点”上，13 世纪，画家乔托经常用斜线来创造这种立体感。观察者视线上方的线条向下倾斜，而视线下方的线条则向上倾斜，侧面的线条向中心倾斜。然而，乔托没有使用消失点，他能够实现透视效果也许仅仅是因为他有一双视力良好的眼睛。

乔托尝试使用透视法

布鲁内列斯基和阿尔伯蒂

佛罗伦萨建筑师布鲁内列斯基是第一位从数学角度理解透视法的人，他设计了佛罗伦萨大教堂的穹顶。他准确地得出了一个物体的实际长度与它在图片中的长度之间的关系取决于物体与观察者之间的距离的结论。布鲁内列斯基擅长几何和测量，他在运用透视法时很好地利用了这些技巧。

布鲁内列斯基的展示

约 1420 年，布鲁内列斯基在他的家乡做了一个简单但引人注目的公开演示，展示了透视法的作用。首先，他在一块小木板上绘制了一幅圣乔万尼洗礼堂的图像。然后，他在木板的中心钻了一个孔，据一个观察者说，这个孔有一个扁豆那么大。他邀请人们站在洗礼堂前的广场上，从木板的孔里看这座礼堂。之后他让人们拿着一面镜子站在木板前，让大家继续从孔里看。反射回来的是完美的洗礼堂的透视图，他们看到的木板上的图像和真实的洗礼堂几乎一样。令人遗憾的是，布鲁内列斯基的画作没有保存下来，同时期的马萨乔的壁画保存了下来，其运用了布鲁内列斯基的透视原理。

阿尔伯蒂是第一个在两部针对不同受众的著作中介绍透视法的人。阿尔伯蒂第一部著作 *De pictura*，于 1435 年以拉丁文写成，面向学者；第二部著作 *Della pittura*，于 1436 年以意大利文写成，面向一般读者。阿尔伯蒂写道："没有什么比探索数学

圣乔万尼洗礼堂，布鲁内列斯基向人们展示了透视法

更让我高兴的了，尤其是当我把它们变成一些实用的方法时。”

阿尔伯蒂认为，正确地理解透视非常重要。阿尔伯蒂还介绍了几何学和光学原理，并提出比例的概念，即图片中物体的尺寸大小。

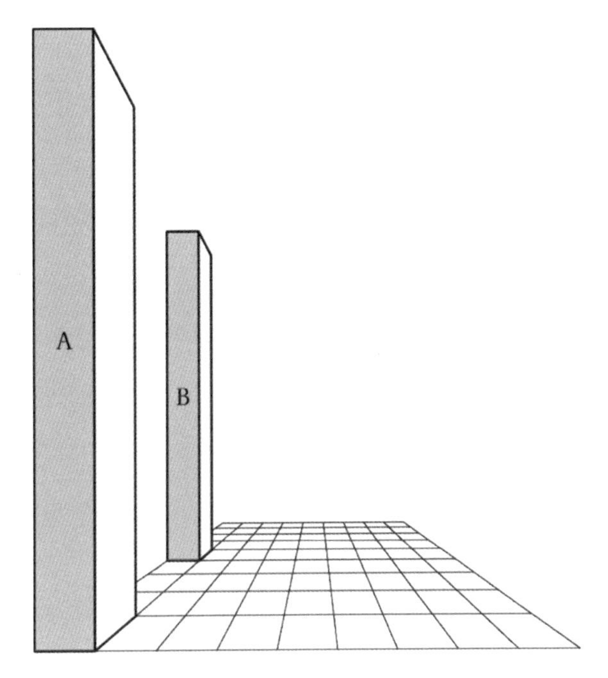

阿尔伯蒂用图格显示了柱子的透视效果

阿尔伯蒂还提出了角锥体的概念。角锥体有自己的顶点，它的侧面从顶点沿着视野的边缘向外延伸。我们可以把下面这幅图想象成一个平面图，角锥体的顶点是观察图像的理想位置。艺术家把这幅图想象成一扇窗户，观察者可以透过它看到外面的场景。地平线在画布上与视线持平，而消失点就在地平线的中心附近，这种原理被称为“单点透视”。

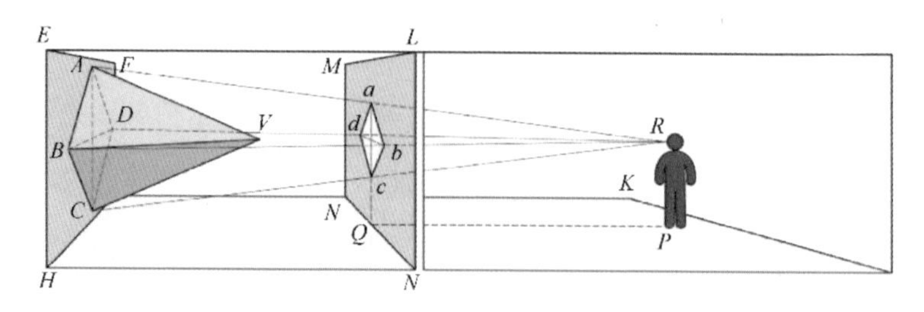

角锥体示意图

地砖画

阿尔伯蒂用一块铺有方形瓷砖的地板举例，消失点位于图像的中心。假设瓷砖有一条边平行于图片的底部，而瓷砖的边实际上是垂直于底边的，这条边会在图片中逐渐向消失点收敛。正方形的对角线都会相交于一个点，该点位于穿过消失点且与图片底部平行的直线上。

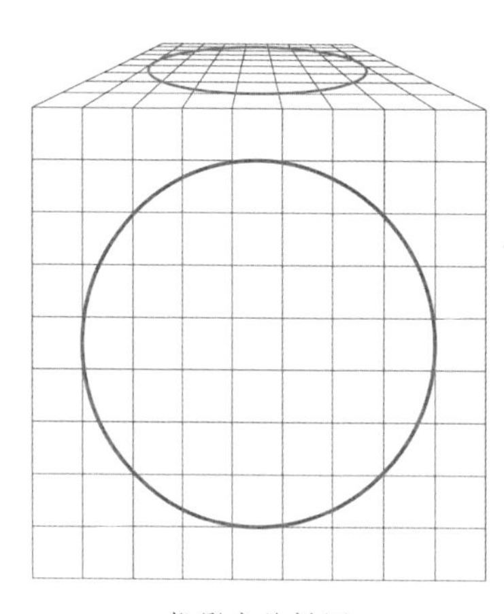

投影出的椭圆

阿尔伯蒂没有为他的想法给出数学证明，他写道："我已经尽可能多地介绍了角锥体、三角形、交叉点。在本书中，为了简洁，最好还是省略证明方法吧。"

阿尔伯蒂的思想对文艺复兴时期的绘画风格产生了巨大影响。有人认为，阿尔伯蒂的原理是透视学的基础。阿尔伯蒂的画作包括一个正方形的瓷砖地板，被称为地砖画。

地砖画提供了一种坐标系，阿尔伯蒂演示了如何根据这个坐标系产生椭圆。在正方形网格上放置一个圆，并标记出正方形与圆相切的位置。构建正方形网格的透视图，然后将圆与原始网格上的正方形相交的点映射到该透视图上，这样就能投影出椭圆。

弗朗切斯卡

弗朗切斯卡是一位杰出的数学家，也是伟大的艺术家。他在《论绘画透视》（可能写于14世纪60年代或14世纪70年代中期）一书中，介绍了绘画的三个主要部分——绘画、比例和色彩，他对比例和透视最感兴趣。

他提出了与平面图形透视有关的定理，并研究了如何绘制棱柱的透视图。他还用两把尺子来绘制更复杂的物体，一个尺子用来测量宽度，另一个尺子用来测量高度，这事实上是一个坐标系统，根据这个坐标系统可以确定物体上的点的准确位置。

达·芬奇

达·芬奇利用数学公式计算了从眼睛到物体的距离。他意识到，只有在正确的位置上，用透视法画出来的画才会具有透视效果。

达·芬奇提出了两种不同类型的透视法：人工透视法，即将图像投射到平面上；以及自然透视法，它依据距离的变化，再现了物体的相对大小。达·芬奇意识到，如果物体位于以观察者为中心的圆上，那么它们的大小是相同的。他还研究了复合透视法。

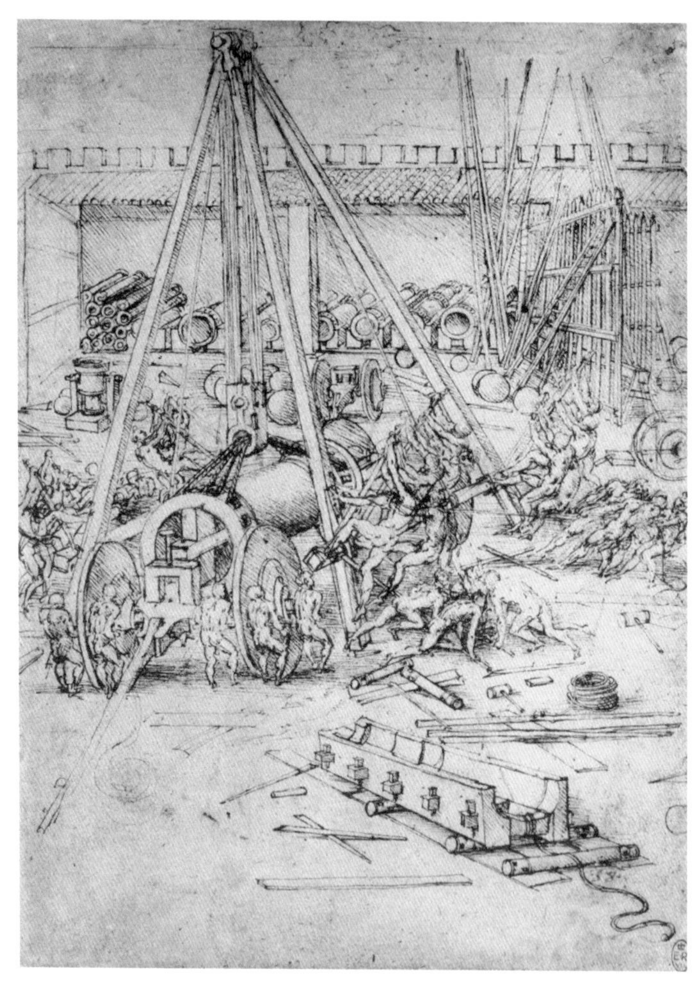

这幅素描显示了达·芬奇对透视法十分精通

笛沙格定理

欧几里得提出了一条著名的几何定理：平行线不相交。然而，在透视的世界里，它们似乎相交于消失点上。法国数学家笛沙格是射影几何的奠基人，他把消失点融合到了几何学中，称之为“无穷远的点”。笛沙格开始研究平面上的形状，还研究了无穷处的点。在投影平面上，没有平行线这样的东西。在射影几何中，圆锥截面、圆、椭圆、抛物线和双曲线是同一曲线的不同透视图。对笛沙格来说，所有二次曲线都可以投影到其他二次曲线上。

假设你想在一幅画里用三角形瓷砖来代表地板，你如何确保它正确地显示在透视图中？笛沙格提供了解决办法。在笛沙格定理中，若两个三角形的对应顶点的连线交于一点，这时如果对应边或其延长线相交，那么这三个点共线。此时，这两个三角形被称为“透视的”。笛沙格定理对艺术家具有重要价值。

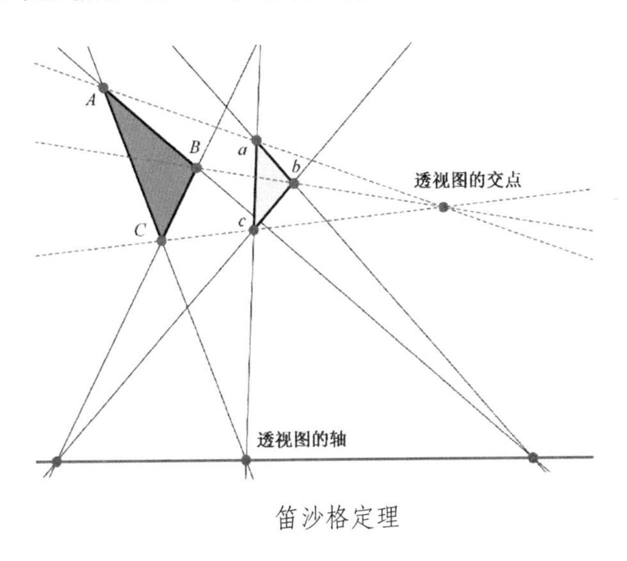

笛沙格定理

第九章

概率——机会是什么

概率——机会是什么

利用概率我们可以预测看似随机的一些问题。古希腊、古罗马和古印度人喜欢博弈，但他们没有探索其背后的数学规律。

16世纪，人们才尝试了预测结果。卡尔达诺是一个有强迫症的赌徒，也是一名数学家，他想找到一种方法来增加获胜的概率。为了解决这个问题，他第一次对概率进行了科学的分析，他把发生偶然事件的可能性用数值表示了出来。这种革命性的思想催生了概率论，而概率论又催生了统计学。

庞贝壁画上掷骰子的赌徒

概率发展时间线	
约 1564 年	卡尔达诺的《论赌博游戏》第一次对概率论做了系统性介绍。
约 1650 年	布莱士·帕斯卡（Blaise Pascal）和皮耶·德·费马（Pierre de Fermat）奠定了现代概率论的基础。
1657 年	克里斯蒂安·惠更斯（Christian Huygens）发表了一篇关于概率论的文章《论赌博中的计算》。
1662 年	约翰·格朗特（John Graunt）利用统计数据来预测寿命。
1763 年	托马斯·贝叶斯（Thomas Bayes）的作品《机会的学说概论》探讨了条件概率。
1812 年	皮埃尔-西蒙·拉普拉斯（Pierre-Simon Laplace）在他的《概率分析论》一书中，将概率论扩展到博弈之外，将概率应用于科学和其他实际问题。

第一阶段

卡尔达诺于 1501 年出生于意大利的帕维亚。他在帕维亚大学和帕多瓦大学接受教育。1526 年至 1553 年，他做了一名执业医生，期间他还学习数学和其他科学。他出版了几部关于医学的著作，并于 1545 年出版了一部关于代数的著作《大术》，影响深远。

作为一名棋手和赌徒，卡尔达诺写了另一部作品《论赌博游戏》，这是他从 25 岁时就开始写的书，但在他死后很久，直到 1663 年才得以出版，这本书首次对概率论进行了系统介绍。

现在该书的一些理论对我们来说很简单，例如，在有多个事件发生的可能性相等的情况下，发生任何一个事件的可能性都与之前未曾发生过的所有其他可能发生的事件概率相同。例如，当你掷骰子的时候，出现六面中的每一面的概率相同，所以出现任何一面的概率都是六分之一，不管这一面之前已经出现了多少次。

卡尔达诺的肖像

未完成的游戏

概率论的基本原理是通过帕斯卡和费马之间的一系列信件而逐步完善的。

假设两个人在玩一场游戏，根据硬币落地的方式，一个玩家的硬币正面朝上算赢，另一个玩家的硬币反面朝上算赢，每赢一次得 1 分，第一个得到 10 分的玩家将把钱赢走。由于某种原因，游戏被中断了。这时，一个玩家得了 8 分，另一个玩家得了 7 分，他们应该怎样分这笔赌注？一号玩家点数上领先，但二号玩家仍然有获胜的机会。

帕斯卡和费马用一种叫作“枚举法”的方法得出了答案，这需要枚举（或列出）所有可能出现的结果。

如果我们已经确定了哪一种结果表示获胜，那么通过把所确定为获胜的可能出现的结果加在一起，我们就得出了获胜的概率。在被中断的比赛中，还需要抛掷多少次才能决定胜负？一号玩家可能只有两次机会获胜，如果两人都达到 9 分，那么他最多有四次机会获胜。帕斯卡和费马画了一张表，费马称之为“未来可能性表”，列出了四次投掷硬币可能产生的所有结果，一共有 16 种结果，如下所示。

HHHH	HTHH	THHH	TTHH
HHHT	HTHT	THHT	**TTHT**
HHTH	HTTH	THTH	**TTTH**
HHTT	**HTTT**	**THTT**	**TTTT**

浅灰色代表一号玩家掷硬币可能出现的所有结果，即一号玩家赢得比赛的概率是 11/16。因此，费马认为，一号玩家应该获得 11/16 的奖金，而二号玩家应该获得 5/16 的奖金。然而，在某些情况下，有些投掷是多余的，当前两次投掷完成后，胜负就确定了，但玩家必须完成所有的投掷，以使出现每一种结果的概率相等。

掷硬币体现了概率论

可能的结果

我们可以计算出随机事件发生的概率 P，P 等于随机事件发生的次数除以所有可能发生的事件的总次数。因为随机事件发生的次数永远不会超过所有可能发生的事件的总次数，所以 P 总是在 0 到 1 的范围内。如果一个事件是不可能发生的——比如，用一个骰子掷一个“7”，那么此事件发生的概率为零。如果事件一定会发生，比如掷骰子的点数在 1 至 6 之间，则概率为 1。

如果我们想找出两个互斥事件发生的概率——例如，掷骰子的点数为“4”或“5”的概率——我们只需将每个事件发生的概率相加，在本例中是 1/6+1/6=1/3。

为了计算出多个独立事件发生的概率，我们需要把这些概率相乘。例如，连续投掷两个 6 的概率是 1/6×1/6=1/36。

帕斯卡三角形

帕斯卡找到了一种无须列出所有可能性就能解决问题的方法，他用自己设计的三角形来生成数字。

帕斯卡三角形是二项式系数在三角形中的集合排列。二项式是一个包含两个项的表达式，我们可以对这两个项进行简单的算术运算，例如乘、除、加、减。系数是一个与变量相乘的数字，例如，在表达式 $3x+2=y$ 中，3 是变量 x 的系数。

帕斯卡并不是第一个以自己的名字给三角形命名的人。关于给三角形命名，第一次事件记录在公元前 200 年左右印度作家平加拉（Pingala）的作品中。1303 年，中国数学家杨辉命名了杨辉三角。把三角形拼起来很简单，从顶点处的 1 开始，在下面一行再写两个

1。后面的每一行都以 1 开头和结尾，中间的每一个数字都是通过把上面一行的数字相加得来的。

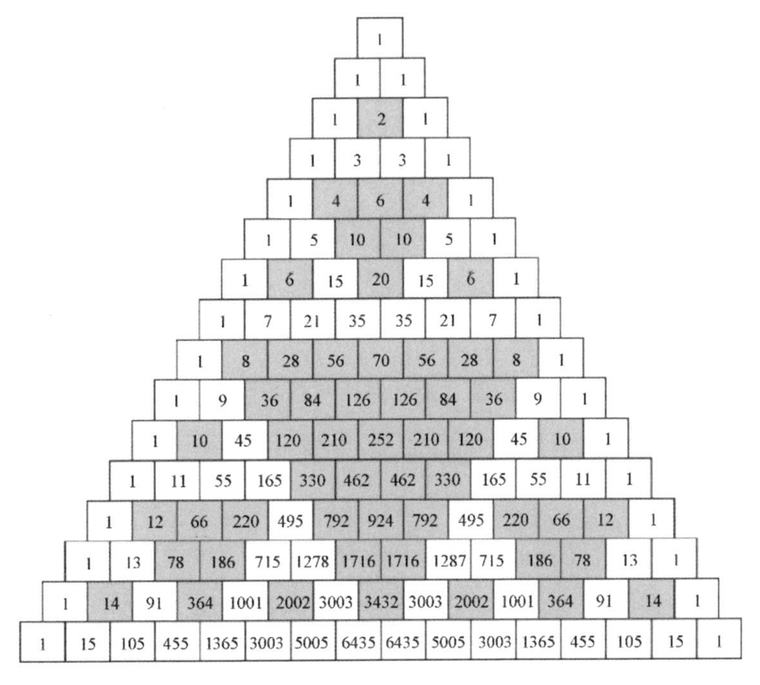

帕斯卡三角形

最上面一行即顶点的“1”的一行，称为第“0”行，而不是第“1”行。帕斯卡三角形前四行为：

第 0 行　　　1

第 1 行　　　1 1

第 2 行　　　1 2 1

第 3 行　　　1 3 3 1

第 4 行　　　1 4 6 4 1

第 4 行对应 4 次抛硬币可能出现的几种情况：

- 四次都是正面朝上出现 1 次。
- 三次正面朝上和一次背面朝上出现 4 次。
- 两次正面朝上和两次反面朝上出现 6 次。
- 四次反面朝上和一次正面朝上出现 4 次。
- 四次都是反面朝上出现 1 次。

一号玩家只需两次正面朝上就可以赢得比赛，我们所要做的就是把所有的组合加起来——1+4+6=11，即 11/16 的胜算，当然，这和费马得到的答案是一样的。

其他数学家很快拓展了帕斯卡和费马的理论。1657 年，荷兰科学家、数学家惠更斯发表了一篇关于概率论的文章《论赌博中的计算》，他引入了“数学期望”的概念。

后来，雅各布•伯努利在《猜度术》中使用了“概率”一词。伯努利详细解释了惠更斯的证明，并提出了自己的替代方案。最重要的是，他提出了后来被称为伯努利定理的“大数定律”。

费马

法国数学家亚伯拉罕•棣莫弗（Abraham de Moivre）继续推动概率论的发展。他最重要的贡献是证明了自然现象的分布经常成“钟形曲线”平均分布，当时人们没有认识到它的重要性，后来它被伟大的数学家高斯命名为“正态分布”。

中心极限定理

正态分布一次又一次出现，甚至出现在那些你根本想不到的地方。例如，抛硬币只会出现两种可能性——正面朝上或反面朝上。这如何形成钟形曲线呢？棣莫弗发现了后来被称为“中心极限定理”的第一个线索。抛一百次硬币，记下正面朝上的次数，再抛99次并记录所有结果。把结果绘制在一张图上，我们会发现抛硬币的次数越多，结果越接近于正态分布曲线。

中心极限定理指出，给定一个具有有限水平方差的总体，它有大量样本，随着样本的增加，样本数据的平均值将接近于总体均值，并且所有样本将接近正态分布模式。一般来说，30个或30个以上的样本被认为是中心极限定理成立的充分条件。

正态分布

正态分布由两个数字决定：期望值和标准差，这是衡量数字在平均值附近分布情况的指标。例如，如果你测量100个随机选择的人的身高并将结果绘制出来，就会生成钟形曲线的标准分布。大多数样本会聚集在同一高度上：这是该组的平均高度，离平均值越远，样本越少。平均值的变化越大，标准差就越大。

1713年，瑞士数学家伯努利首次证明了大数定律，它指出，随着恒等分布的随机变量增加，它们的观测平均值就会接近理论平均值。换句话说，如果你掷硬币的次数足够多，那么正面朝上和反面朝上的次数应该差不多。伯努利花了二十年时间才证明了这一点。数学家帕夫努蒂·切比雪夫（Pafnuty Chebyshev）证明了大数定律与通常所说的平均定律密切相关。当掷硬币时，大数定律表明正面朝上的次数越来越接近总次数的一半——概率为 0.5。

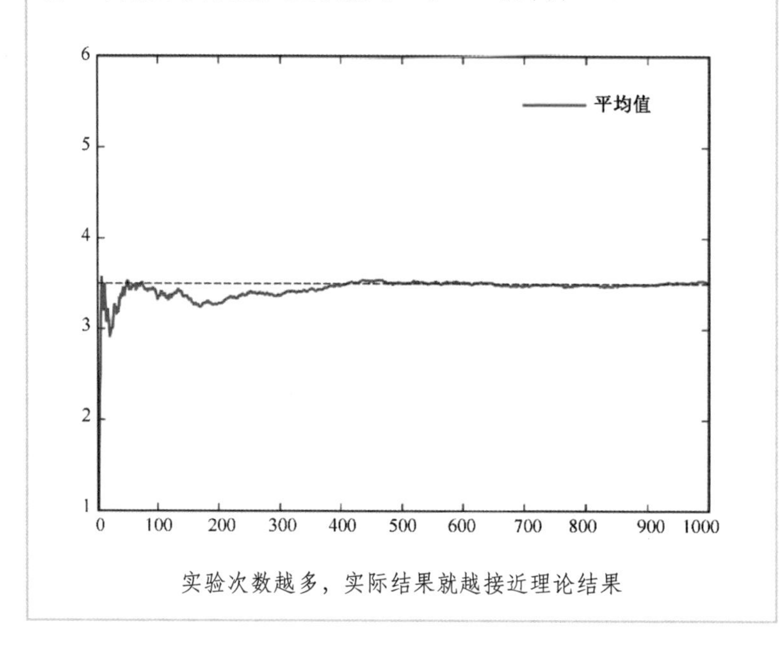

实验次数越多，实际结果就越接近理论结果

统计学的诞生

1662 年，商人格朗特出版了一本名为《关于死亡表的自然观察和政治观察》的书，这被认为是统计学和人口学的开山之作——利用统计学分析人口，包括出生率、死亡率和发病率。格朗特制作了已知的第一张健康数据表。根据这一信息，格朗特对伦敦的人口做出了实际估测。

The Diſeaſes, and Caſualties this year being 1632.

Abortive, and Stilborn	445	Jaundies	43
Affrighted	1	Jawfaln	8
Aged	628	Impoſtume	74
Ague	43	Kil'd by ſeveral accidents	46
Apoplex, and Meagrom	17	King's Evil	38
Bit with a mad dog	1	Lethargie	2
Bleeding	3	Livergrown	87
Bloody flux, ſcowring, and flux	348	Lunatique	5
Bruſed, Iſſues, ſores, and ulcers,	28	Made away themſelves	15
Burnt, and Scalded	5	Meaſles	80
Burſt, and Rupture	9	Murthered	7
Cancer, and Wolf	10	Over-laid, and ſtarved at nurſe	7
Canker	1	Palſie	25
Childbed	171	Piles	1
Chriſomes, and Infants	2268	Plague	8
Cold, and Cough	55	Planet	13
Colick, Stone, and Strangury	56	Pleuriſie, and Spleen	36
Conſumption	1797	Purples, and ſpotted Feaver	38
Convulſion	241	Quinſie	7
Cut of the Stone	5	Riſing of the Lights	98
Dead in the ſtreet, and ſtarved	6	Sciatica	1
Dropſie, and Swelling	267	Scurvey, and Itch	9
Drowned	34	Suddenly	62
Executed, and preſt to death	18	Surfet	86
Falling Sickneſs	7	Swine Pox	6
Fever	1108	Teeth	470
Fiſtula	13	Thruſh, and Sore mouth	40
Flocks, and ſmall Pox	531	Tympany	13
French Pox	12	Tiſſick	34
Gangrene	5	Vomiting	1
Gout	4	Worms	27
Grief	11		

Chriſtened { Males—4994, Females-4590, In all—9584 } Buried { Males—4932, Females—4603, In all—9535 } Whereof, of the Plague—8

Increaſed in the Burials in the 122 Pariſhes, and at the Peſthouſe this year 993

Decreaſed of the Plague in the 122 Pariſhes, and at the Peſthouſe this year. 266

C 7 In

格朗特的《关于死亡表的自然观察和政治观察》中的一页

死亡是不可预测的，但是格朗特发现，当涉及大量人口时，死于特定原因的人数变得更加有规律且可预测。通过分析，格朗特注意到，某些死亡数量有规律可循，如肺结核，当时每年造成约 2000 人死亡。1625 年，鼠疫夺走了 46000 人的生命，其后四年则未造成死亡。

格朗特的工作成果是惠更斯的灵感来源。利用格朗特的健康数据表，惠更斯和他的兄弟洛德维克（Lodewijk）研究出了预测寿命的方法。1693 年，埃德蒙 • 哈雷（Edmund Halley）基于格朗特的思想创办了人寿保险公司并创建了第一张精算表。

普通人

1835 年，比利时数学家、天文学家和统计学家阿道夫 • 凯特勒（Adolphe Quetelet）将统计学和概率论结合起来，揭示了他对“普通人”的看法。“普通人”代表了人类特征根据正态分布进行分组的中心值。他得出这样的结论：在出生后和青春期，人们的体重的增长与身高的平方成正比，在 1972 年被命名为标准体重指数（BMI）之前，这个指数被称为凯特勒指数。

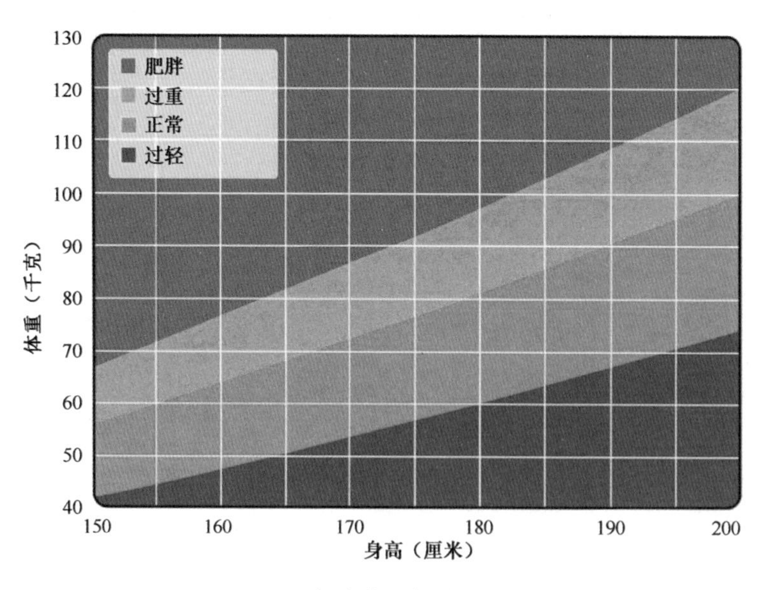

标准体重指数

条件概率

当你掷骰子时，你知道会得到六个数字中的一个。只有当骰子滚动的时候，你才会有不确定感——一旦它停止，你就会得到一个确定的“3”或其他数字。

1763 年，一篇题为《机会的学说概论》的论文被发表了。在论文发表的两年前，它的作者贝叶斯就去世了。

贝叶斯运用了两个事件，事件 A 和事件 B。每一个事件都有各自发生的概率 $P(A)$ 和 $P(B)$，P 代表 0 和 1 之间的数字。如果事件 A 发生，它就会改变事件 B 发生的概率，反之亦然。为了说明这一点，贝叶斯引入了两个新的量，现在称为条件概率，它们分别是 $P(A|B)$，即给定 B 的概率，和 $P(B|A)$，即给定 A 的概率。贝叶斯所做的是解决这四个概率相互关联的问题。在以贝叶斯的名字命名的定理中，他给出了答案：

$$P(A|B)=P(A)\times P(B|A)/P(B)$$

这是什么意思呢？医学测试的结果提供了答案。假设一个病人出现的症状表明一种严重而罕见的疾病（I）影响了 1%的人口。一种疾病测试（T）有 95%的概率将该疾病检查出来。这意味着 95%的患者将检测出阳性，但也意味着 5%的患病者将检测出阴性（假阴性），5%的健康者将检测出阳性（假阳性）。让我们把这些数字代入贝叶斯方程，找出原因。

$P(I)$ 表示患者患病的概率为 0.01；

$P(I|T)$ 表示患者患病并且检查呈阳性的概率为 0.95；

$P(T)$ 测试表明存在疾病的概率，它是通过将假阳性概率

（0.05）乘以未得病人口的概率（0.99）得出的，即 0.0495。我们用同样的方法计算假阴性的概率，得到的总数值为 0.099。

$P（T | I）$表示患者患病和检查呈阳性的概率。我们得到如下结果：

$$P（T | I）=0.01×0.95/0.099≈0.0959$$

换言之，即使检测呈阳性，患病概率也不到 10%。

贝叶斯定理有许多用途，但我们必须理智地使用。大量的数据将带来精确的结果，数据太少是无用的。

第十章

对数运算——更简单的计算

对数运算——更简单的计算

1614 年，约翰 • 纳皮尔（John Napier）发表了他的对数表，产生了巨大的影响。对数表彻底改变了人们的计算方式，对航海水手、测量员，尤其是天文学家而言意义重大，因为他们经常要用非常大的数字来计算。

纳皮尔还研究了其他计算方法，他是第一个提出使用小数点并建议在计算中使用二进制数的人。他还发明了纳皮尔骨头——一系列可以用不同方式组装的棒状物，人们可以通过横列的数字来计算大数。在计算器出现之前，对数表一直是科学家和工程师的基本工具。

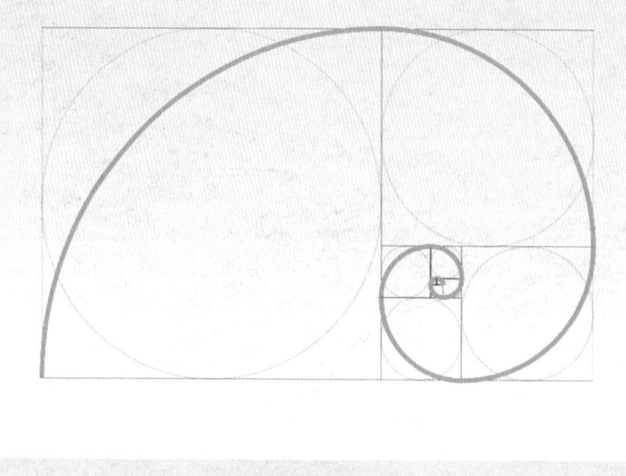

对数螺旋线

对数发展时间线	
1484 年	尼古拉斯 · 丘凯（Nicolas Chuquet）在《数学三篇》中介绍了几何级数。
1614 年	纳皮尔将他关于对数的研究发表在《奇妙的对数表的描述》一书中。
1617 年	纳皮尔发明了他的计算装置——纳皮尔骨头。
1620 年	埃德蒙 · 甘特（Edmund Gunter）制作了一个对数计算尺，并借助两脚规做了乘法和除法运算。
1622 年	威廉 · 奥特雷德（William Oughtred）发明了计算尺。
1624 年	亨利 · 布里格斯（Henry Briggs）对纳皮尔的成果进行重新计算和改进。
1792 年	加斯帕德 · 德 · 普隆尼（Gaspard de Prony）开始制作地籍图。

简化的计算

16 世纪晚期，随着科学的蓬勃发展，许多领域都有了新的进展。然而，所有计算都要用手工完成，对许多科学家来说，这是一项艰苦的工作。人们为寻找新的计算方法付出了极大努力。人们对不使用乘法和除法，而是用简单的加减法来运算很感兴趣。16 世纪末，人们开始使用三角函数表，将很长的乘除法运算变成了加减法运算。

在 15 和 16 世纪，数学家丘凯和迈克尔·斯蒂菲尔（Michael Stifel）将注意力转向了算术级数和几何级数两者之间的关系上。算术级数是一组数字序列，如 1, 2, 3, 4, 5, 6…或 2, 4, 6, 8…

几何级数是指在第一项之后的每个数字都是由将之前的数字乘以一个固定的数量得来的，称为公比。例如，序列 16, 8, 4, 2, 1 的公比是 1/2。一种将算术级数和几何级数结合起来的方法可以简化计算。

0	1	2	3	4	5	6	7	8	9	10
1	2	4	8	16	32	64	128	256	512	1024

上表的第一行是一个等差数列，表示的是 2 的指数；第二行是几何级数，表示 2 的幂。

例如，2^4 即 2×2×2×2，等于 16。你可以用心算计算 8 乘以 128，但更简单的方法是查表。当同底数的指数相乘时，我们只需把指数相加：8 乘以 128 等于 2^3 乘以 2^7，即 2^{3+7}，也就是 2^{10}，从表中可以看出是 1024。3 加 7 要比 8 乘以 128 简单得多。

约翰·纳皮尔

纳皮尔是苏格兰贵族，他在圣安德鲁大学接受教育，于 13 岁进入大学，但在完成学业之前就辍学了。

除了对数学感兴趣，纳皮尔还热衷于研究神学和军备。一份有他的签名的文件中列出了各种发明，包括一种可以发射武器的带有小孔的金属战车——一种早期的坦克。

他举止古怪，出门时经常穿着他那标志性的黑斗篷，带着他的黑公鸡。他被很多人认为是巫师。有这样一个故事，纳皮尔让他的工作人员一个一个去摸他的黑公鸡（他用煤烟把公鸡熏黑了），从而找到了一个小偷。纳皮尔称，这只神奇的鸡会在罪犯的手上做记号。

纳皮尔

纳皮尔提出了“对数”（Logarithm）这个名字，这是他把两个希腊单词组合在一起创造出来的术语——Logos，意思是比例；Arithmos，意思是数字。

纳皮尔在 1614 年首次发表了他关于对数的著作，书名为《奇妙的对数表的描述》。

纳皮尔生成对数的方法很有趣，他假设两个粒子沿两条平行线运动，第一条线的长度是无限的，而第二条线的长度是固定的。这两个粒子以相同的速度同时离开相同的起始位置向前运动。第一个粒子在无限长的直线上匀速运动，在相同的时间内走过相同的距离。第二个粒子在固定长度的直线上，它的运动速度与粒子到线的末端的距离成正比，这意味着它在不断减速。当第二个粒子到达起点和终点之间的中点时，它的速度是开始时速度的一半。这意味着第二个粒子永远不会到达终点，第一个粒子在无限长的直线上，也永远不会到达终点。

在两个粒子运动时，这两个粒子的位置始终有一种对应关系。第一个粒子离开起始点的距离是第二个粒子到有限直线终点距离的对数。换句话说，第一个粒子走过的距离等于第二个粒子尚未走完的距离的对数。

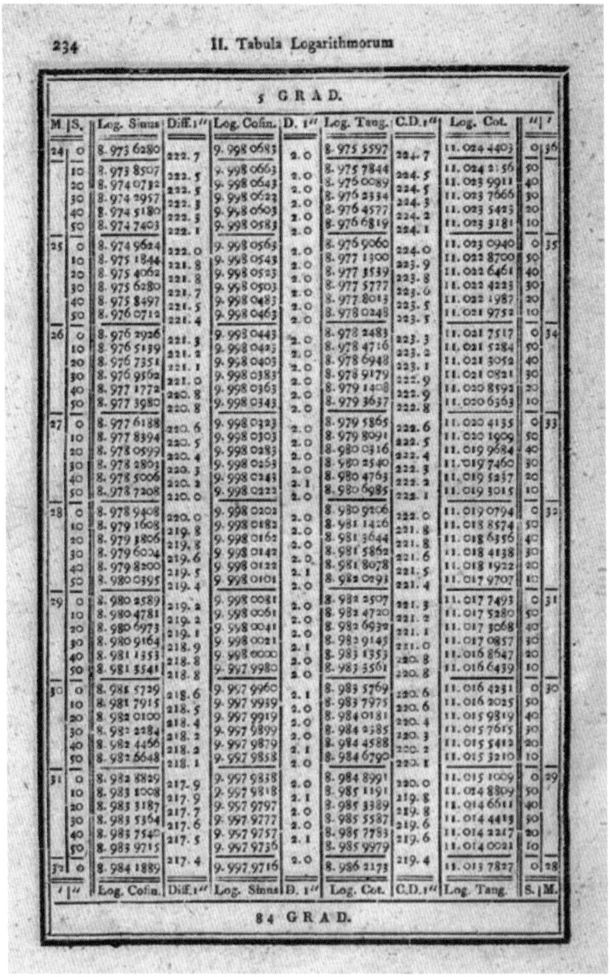

234 II. Tabula Logarithmorum

5 GRAD.

M.	S.	Log. Sinus	Diff.1"	Log. Cosin.	D. 1"	Log. Tang.	C.D.1"	Log. Cot.	"	'
24	0	8.973 6280	222.7	9.998 0683	2.0	8.975 5597	224.7	11.024 4403	0	36
	10	8.973 8507	222.5	9.998 0663	2.0	8.975 7844	224.5	11.024 2156	50	
	20	8.974 0732	222.5	9.998 0643	2.0	8.976 0089	224.5	11.023 9911	40	
	30	8.974 2957	222.3	9.998 0623	2.0	8.976 2334	224.3	11.023 7666	30	
	40	8.974 5180	222.3	9.998 0603	2.0	8.976 4577	224.2	11.023 5423	20	
	50	8.974 7403	222.1	9.998 0583	2.0	8.976 6819	224.1	11.023 3181	10	
25	0	8.974 9624	222.0	9.998 0563	2.0	8.976 9060	224.0	11.023 0940	0	35
	10	8.975 1844	221.8	9.998 0543	2.0	8.977 1300	223.9	11.022 8700	50	
	20	8.975 4062	221.8	9.998 0523	2.0	8.977 3539	223.8	11.022 6461	40	
	30	8.975 6280	221.7	9.998 0503	2.0	8.977 5777	223.6	11.022 4223	30	
	40	8.975 8497	221.5	9.998 0483	2.0	8.977 8013	223.5	11.022 1987	20	
	50	8.976 0712	221.4	9.998 0463	2.0	8.978 0248	223.5	11.021 9752	10	
26	0	8.976 2926	221.3	9.998 0443	2.0	8.978 2483	223.3	11.021 7517	0	34
	10	8.976 5139	221.2	9.998 0423	2.0	8.978 4716	223.2	11.021 5284	50	
	20	8.976 7351	221.1	9.998 0403	2.0	8.978 6948	223.1	11.021 3052	40	
	30	8.976 9562	221.0	9.998 0383	2.0	8.978 9179	222.9	11.021 0821	30	
	40	8.977 1772	220.8	9.998 0363	2.0	8.979 1408	222.9	11.020 8592	20	
	50	8.977 3980	220.8	9.998 0343	2.0	8.979 3637	222.8	11.020 6363	10	
27	0	8.977 6188	220.6	9.998 0323	2.0	8.979 5865	222.6	11.020 4135	0	33
	10	8.977 8394	220.5	9.998 0303	2.0	8.979 8091	222.5	11.020 1909	50	
	20	8.978 0599	220.4	9.998 0283	2.0	8.980 0316	222.4	11.019 9684	40	
	30	8.978 2803	220.3	9.998 0263	2.0	8.980 2540	222.3	11.019 7460	30	
	40	8.978 5006	220.2	9.998 0243	2.1	8.980 4763	222.2	11.019 5237	20	
	50	8.978 7208	220.0	9.998 0222	2.0	8.980 6985	222.1	11.019 3015	10	
28	0	8.978 9408	220.0	9.998 0202	2.0	8.980 9206	222.0	11.019 0794	0	32
	10	8.979 1608	219.8	9.998 0182	2.0	8.981 1426	221.8	11.018 8574	50	
	20	8.979 3806	219.8	9.998 0162	2.0	8.981 3644	221.8	11.018 6356	40	
	30	8.979 6004	219.6	9.998 0142	2.0	8.981 5862	221.6	11.018 4138	30	
	40	8.979 8200	219.5	9.998 0122	2.1	8.981 8078	221.5	11.018 1922	20	
	50	8.980 0395	219.4	9.998 0101	2.0	8.982 0293	221.4	11.017 9707	10	
29	0	8.980 2589	219.2	9.998 0081	2.0	8.982 2507	221.3	11.017 7493	0	31
	10	8.980 4781	219.2	9.998 0061	2.0	8.982 4720	221.2	11.017 5280	50	
	20	8.980 6973	219.1	9.998 0041	2.0	8.982 6932	221.1	11.017 3068	40	
	30	8.980 9164	218.9	9.998 0021	2.1	8.982 9143	221.0	11.017 0857	30	
	40	8.981 1353	218.8	9.998 0000	2.0	8.983 1353	220.8	11.016 8647	20	
	50	8.981 3541	218.8	9.997 9980	2.0	8.983 3561	220.8	11.016 6439	10	
30	0	8.981 5729	218.6	9.997 9960	2.1	8.983 5769	220.6	11.016 4231	0	30
	10	8.981 7915	218.5	9.997 9939	2.0	8.983 7975	220.6	11.016 2025	50	
	20	8.982 0100	218.4	9.997 9919	2.0	8.984 0181	220.4	11.015 9819	40	
	30	8.982 2284	218.2	9.997 9899	2.0	8.984 2385	220.3	11.015 7615	30	
	40	8.982 4456	218.2	9.997 9879	2.1	8.984 4588	220.2	11.015 5412	20	
	50	8.982 6648	218.1	9.997 9858	2.0	8.984 6790	220.1	11.015 3210	10	
31	0	8.982 8829	217.9	9.997 9838	2.0	8.984 8991	220.0	11.015 1009	0	29
	10	8.983 1008	217.9	9.997 9818	2.1	8.985 1191	219.8	11.014 8809	50	
	20	8.983 3187	217.7	9.957 9797	2.0	8.985 3389	219.8	11.014 6611	40	
	30	8.983 5364	217.6	9.997 9777	2.0	8.985 5587	219.6	11.014 4413	30	
	40	8.983 7540	217.5	9.997 9757	2.1	8.985 7783	219.6	11.014 2217	20	
	50	8.983 9715	217.4	9.997 9736	2.0	8.985 9979	219.4	11.014 0021	10	
32	0	8.984 1889		9.997 9716		8.986 2173		11.013 7827	0	28
'	"	Log. Cosin.	Diff.1"	Log. Sinus	D. 1"	Log. Cot.	C.D.1"	Log. Tang.	S.	M.

84 GRAD.

一本书中摘录的对数

纳皮尔骨头

除了对数，纳皮尔还发明了一种巧妙的计算装置。它由十根骨头棒组成，可以用来进行各种各样的计算，比如乘法、除法、求平方根和立方根。从上到下，每根杆子上都刻着从 0 到 9 的数字，每根骨头棒从上到下刻的数字按顶端数字的倍数增加。当这些棒子挨在一起时，就能产生乘积之和。例如，要计算 826 乘以 742，就将 8、2、6 的棒子对齐，水平逐个查看乘以 7、乘以 4 和乘以 2 的各个乘积，然后把这几个乘积加在一起就得到了结果。

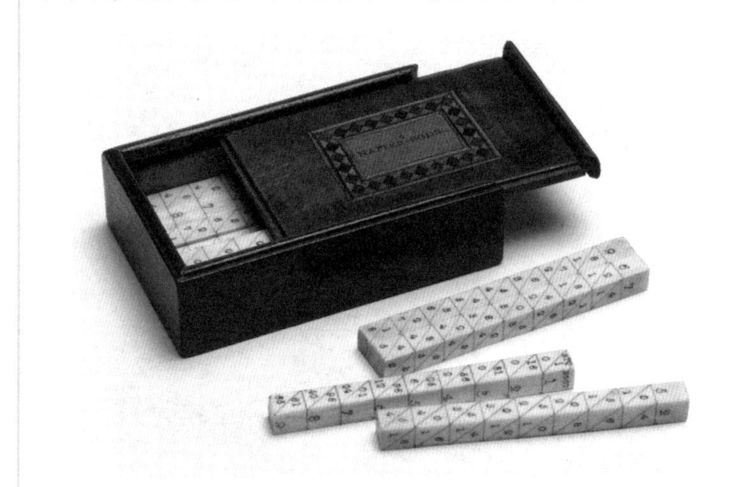

纳皮尔骨头

纳皮尔的原始对数与人们后来采用的对数有很大不同。因为他打算把它们用在三角学上，所以他计算的是正弦和正切的对数，而不是一般数字的对数。纳皮尔和几何学教授布里格斯致力于简化他的对数。他们决定将 1 的对数定义为 0，将 10 的对数定义为 1。

布里格斯还计算出 $\log 10 = 1$、$\log 100 = 2$、$\log 1000 = 3$，并在

此基础上花费了几年时间重新计算出了对数表。布里格斯重新计算出的对数表发表于1624年，其中的对数计算到小数点后14位。布里格斯计算出的这些以10为底的对数称为log 10或普通对数。

巴黎的埃菲尔铁塔——普隆尼是刻在塔上的72个名字之一

不久后，对数的知识开始传播开来。航海家爱德华· 莱特（Edward Wright）将纳皮尔的拉丁语原文翻译成英文。布里格斯在伦敦格雷欣学院做关于对数的讲座。几年内，法国、德国和荷兰相继出版了对数表。18世纪末，普隆尼开始了地籍图的编纂工作，共完成了17卷，其中包括了对20万数字的对数运算。

计算尺

在 20 世纪 80 年代袖珍计算器出现之前(现在智能手机上都有计算器应用程序)，科学家、工程师、建筑师和高中生都知道如何使用计算尺，这是一种可以追溯到近 400 年前的计算工具。

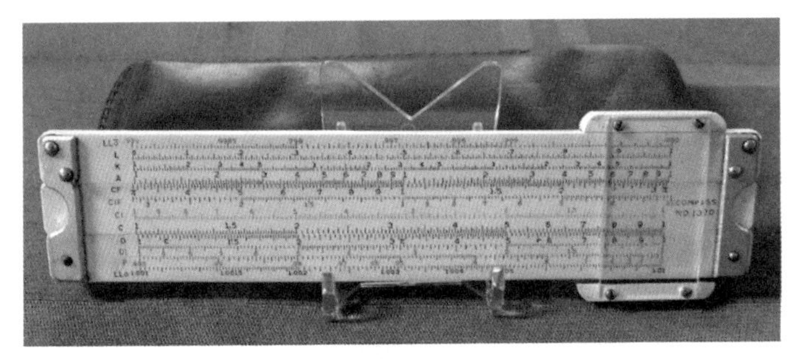

计算尺

计算尺起源于 1620 年，当时甘特意识到，在一块木头上刻上一个对数刻度，然后借助两脚规把两个数值相加，就可以省去在表格中查找对数的时间。奥特雷德是当时著名的数学家，他很快想出了这样一个主意，他用两块带有刻度的木头抽拉，使两块木头彼此相对，这样就用不着使用两脚规了，计算尺就这样诞生了。后来的发明家，包括牛顿和蒸汽机先驱詹姆斯 · 瓦特（James Watt），在接下来的几百年里对计算尺做了进一步改进。

奥特雷德

对数的刻度

对数刻度是一种测量刻度，它使用一个值的对数，而不是被测量的参数的实际值。在对数尺上，$\log_{10}1=0$，$\log_{10}10=1$，$\log_{10}100=2$，$\log_{10}1000=3$，$\log_{10}10000=4$。在对数尺上，数字越往上，间距就越近。每增加一个单位，代表被测量的值增加十倍。

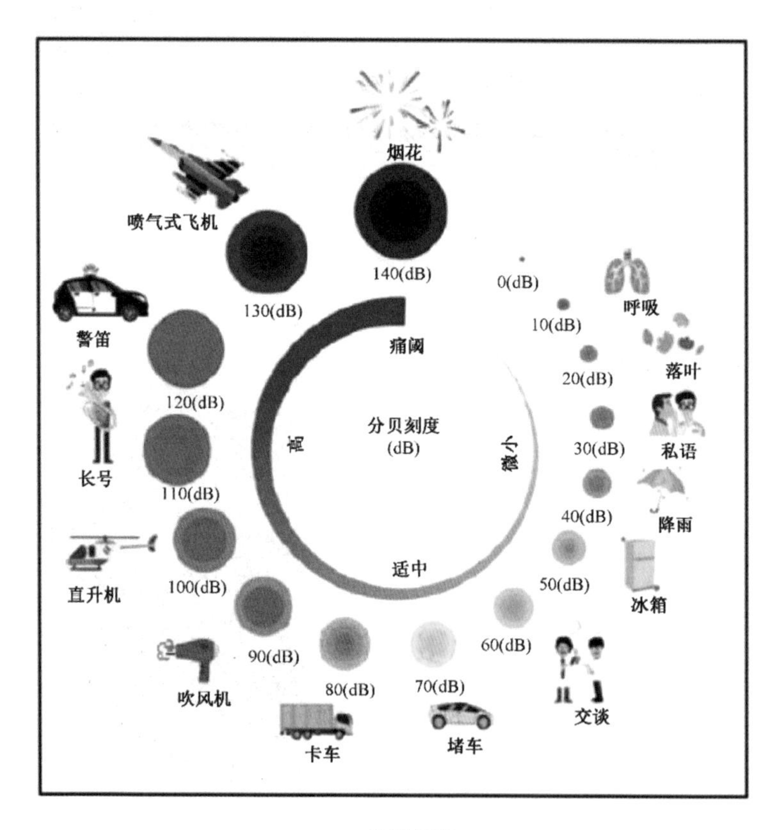

分贝刻度

例如，用于测量声级的分贝刻度就是对数。正常人耳朵所能听到的最柔和的声音，其压力变化为 20μPa，这被称为听觉阈值。当声压接近一个非常嘈杂的物体时，比如火箭离开发射台，可以产生很大的压力变化，大约是 2000 Pa 或 2×10^9μPa。在如此广的范围内（从 2000 到 20 亿）表示声音的大小十分不方便。为了解决这个问题，就要使用分贝刻度。分贝刻度需要将 20μPa 作为听力阈值，它被定义为 0 dB 以作为参考电平。

人们使用对数尺测量地震强度的里氏震级，测量酸碱度的 pH 值等。谷歌的“网页级别”也是对数级的——一个“网页级别”为“5”的网站的受欢迎程度是“网页级别”为“3”的网站的 100 倍。

第十一章

解析几何学

解析几何学

人们需要知道东西在哪里，解决定位问题的一种方法是法国数学家和哲学家勒内·笛卡儿提出的坐标系。笛卡儿指出，二维空间中任意一点的位置都可以用两个数字来表示，一个数字表示点的水平位置，另一个数字表示点的垂直位置，这个系统后来被称为笛卡儿坐标系。

在此之前，数学被分成两个截然不同的分支——代数和几何。笛卡儿的发现意味着代数和几何可以融合。这就是解析几何的开始，它是数学中一个实用的解决问题的新方法。

笛卡儿的思想促使极坐标系形成，雅各布·伯努利用距离和角度描绘点的位置，并发展了数学史上最重要的发现之一——微积分。

坐标系发展时间线	
1637 年	笛卡儿出版了《几何》，阐述了他的解析几何思想。
1670 年左右	伯努利出版了关于极坐标系的著作。
1692 年	莱布尼茨首次革命性地使用了“坐标”一词。
1730 年左右	欧拉、雅各布·赫尔曼（Jakob Hermann）和亚历克西斯·克莱罗（Alexis Clairaut）推导出了圆柱、圆锥和曲面的一般方程。

几何和代数的融合

解析几何是数学的一个分支，它用代数方法来解决几何问题。解析几何的重要性在于它建立了代数方程和几何曲线之间的关系，使得用几何方法求解代数问题成为可能，反之亦然。代数问题可以表示为几何曲线，几何曲线也可以表示为代数方程。

古希腊的数学家了解数字和形状是相关的。梅内克缪斯（Menaechmus）用一种非常接近于坐标的方法证明了定理。阿波罗尼奥斯（Apollonius of Perga）被他的同时代人称为“伟大的几何学家”，对数学的发展产生了巨大影响，他的著作《圆锥曲线论》为解析几何的发展奠定了基础。他将圆锥曲线表示为二次方程，并提出了一些我们现在仍在使用的术语，如抛物线和双曲线。

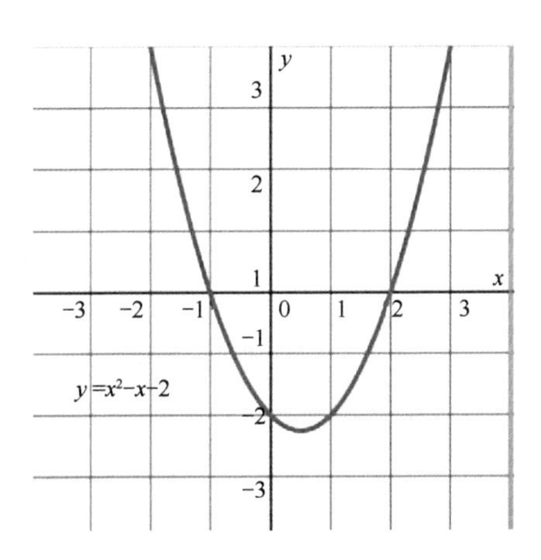

抛物线及其方程的表达式

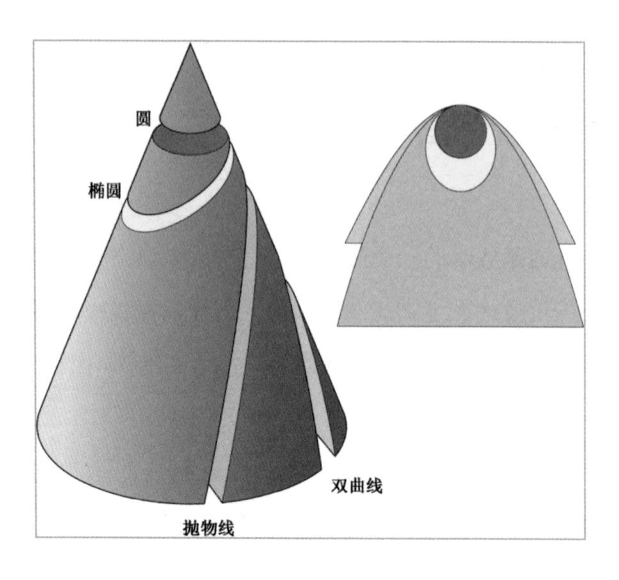

圆锥

勒内·笛卡儿

笛卡儿是一位哲学家，他坚持用理性的方法来探究事物的意义。他设计了一种基于数学的演绎推理方法，适用于所有科学门类。他将数学和逻辑与哲学相结合以解释物质世界是如何运行的，他认为心灵是一种精神实体，而身体是物质实体。他也有一个奇怪的却无法证明的想法：我们对于事物的认知不依赖于我们的直觉，比如 2 + 2 = 4 或者一个立方体有六个面，这些或许不正确。笛卡儿唯一能确定的是他的存在，即那句很有名的话：我思故我在。

弗朗斯·哈尔斯为笛卡儿画的像

《几何》是有史以来最具影响力的几何作品之一，它是笛卡儿的《方法论》（*Discourse on Method*）一书的附录。在《方法论》中，他阐述了“我思故我在”的观点。在《几何》的序言中，笛卡儿指出：“几何中的所有问题都可以很容易地归结为只要知道某些线段的长度就足以构造图形。”他还介绍了如何通过几何和代数的结合来解决问题。

笛卡儿在《几何》这本书中表示：两个数字足以确定平面上任意一点的位置。据说，笛卡儿是在看到一只苍蝇在天花板上爬来爬去的时候产生了这个想法的，这可能有点异想天开。他意识到，通过绘制在一个点（这个点叫作原点）上相交的两条互相垂直的数轴，苍蝇的轨迹就可以被描绘成一个平面上一系列连续的点。按照惯例，我们现在将横轴命名为 x，纵轴命名为 y。

举个例子，如果你想要精确地定位一个句子的开头字母 F，你可以从页面的左边开始，量出它的距离，比如说是 x 毫米，从页面的底部开始量是 y 毫米，这个字母在页面上的位置的坐标（x, y）就建立了。

费马在 x 轴和 y 轴的基础上添加了第三个轴 z 轴，这样就可以在三维空间中绘制点了。1636 年，费马撰写了一篇论文，阐述了我们现在所说的解析几何。与此同时，笛卡儿也在设计自己的系统，并于 1637 年发表了他的研究成果。

数学家之死

笛卡儿不是个习惯早起的人，他习惯在床上待到中午 11 点或更晚。当他在 1649 年前往瑞典担任克里斯蒂娜女王的数学老师时，他轻松的日常生活被打乱了——女王打算每天早上 5 点找他上课。笛卡儿很难忍受斯德哥尔摩清晨的寒冷，几个月后就感染肺炎去世了，年仅 53 岁。

笛卡儿在克里斯蒂娜女王的宫廷里

所有方程的解都可以用平面上的点来表示。例如，方程 $y = x$ 的解可以表示为平面上的点（0，0）（1，1）（2，2）（3，3）等。

方程 $y = 4x$ 解可以表示为平面上的点（0，0）（1，4）（2，8）（3，12）等。更复杂的方程的解的集合对应各种类型的曲线：例如，$x^2 + y^2 = 6$ 的解的集合对应一个圆，而方程 $y^2 - 4x = 3$ 的解的集合对应一条抛物线。

无论是圆、椭圆、抛物线还是双曲线，都可以用二次方程表示。

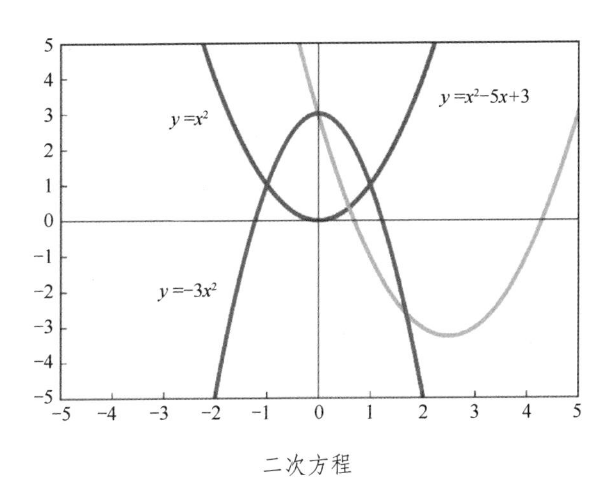

二次方程

地图与数学

笛卡儿坐标系的另一个重要用途是制图。

地图和数学都有着悠久的历史。正如我们所看到的，古埃及的测量员擅长使用几何图形来测量土地边界。古希腊人知道地球是一个球体，并以极高的精确度测量了它的周长，他们对制图学做出了许多贡献，包括使用网格来表示一个地方的位置，这是现代经纬度坐标系的前身。

需要注意的是，地球不是平的。事实上，用笛卡儿坐标系把地球放到一个平面上在几何上是不可能实现的，高斯对曲面的分析就证明了这一点。

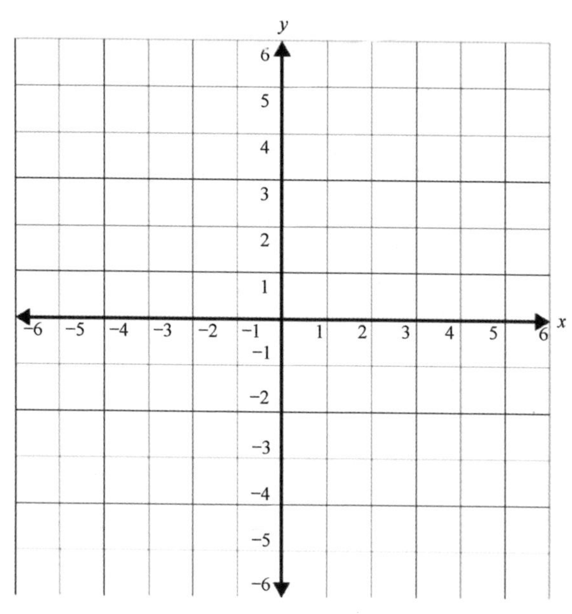

笛卡儿坐标系

极坐标系

极坐标是一种用距离和方向来确定物体位置的方法，而不是通过给出 x 坐标和 y 坐标来确定网格上的位置，点的极坐标用距离极点的距离，和从一条固定的轴穿过极点所测得的角度来确定。点 P 的极坐标就是 r（r，θ），r 是与极点之间的距离，θ 是 Ox 与 OP 之间的角度，这个系统是由伯努利在 17 世纪发明的。经过改进的三维版本的极坐标系，被称为球坐标系，被天文学家用来精确定位天体的位置。

解析几何的发展为牛顿和莱布尼茨发现微积分开辟了道路，它也使我们在三维世界中探索几何学成为可能。那些不可能形象化的东西现在可以用数学表示了，这改变了数学家和物理学家关于宇宙是如何运行的观点。

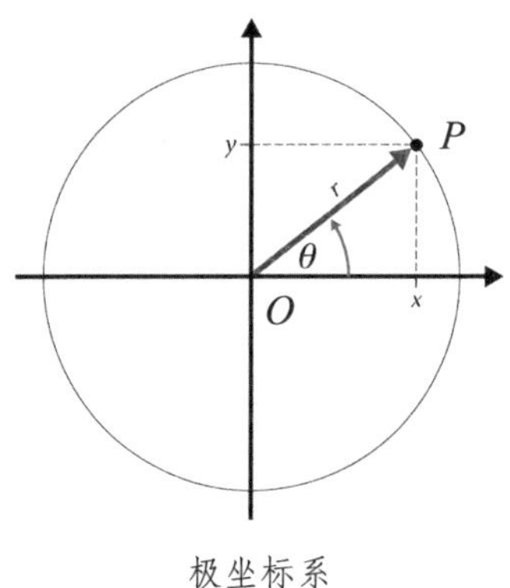

极坐标系

第十二章

微积分——一场科技革命

微积分：一场科技革命

微积分的发现是数学上的一项重大突破，牛顿和莱布尼茨各自独立发现了微积分，两人都激烈地指责对方剽窃。但无论这份功劳算在谁头上，微积分都是数学史上最伟大的发现之一，它是为了理解不断变化的量而发展起来的。微积分从根本上背离了静态几何学，它有助于科学家探索一个不断变化的宇宙。微积分帮助牛顿解决了与重力有关的问题，并使牛顿建立了直到 20 世纪初仍未受到挑战的物理学原理。

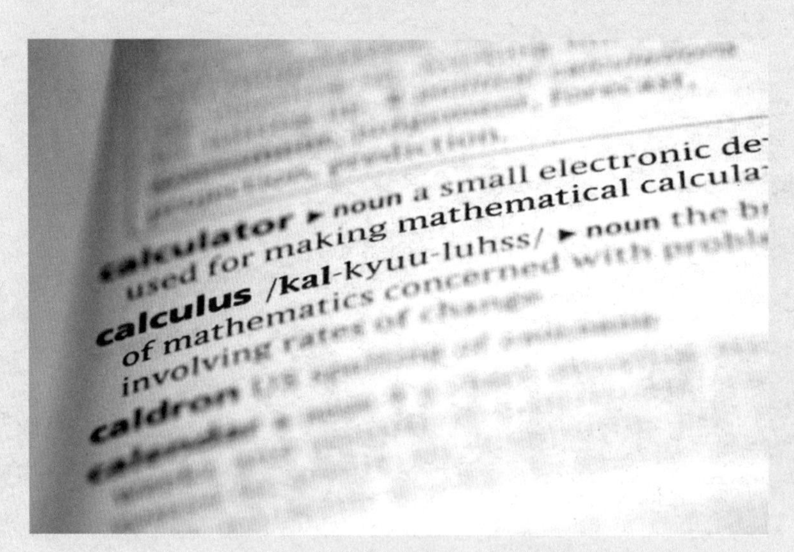

微积分已经成为数学语言的一部分

微积分发展时间线	
公元前 5 世纪	芝诺（Zeno）提出了芝诺悖论。
公元前 4 世纪	尼多斯的欧多克索思（Eudoxus）使用了穷竭法，这是一种早期的微积分形式。
17 世纪 60 年代	牛顿提出了流数术——这是牛顿版本的微积分。
17 世纪 70 年代	莱布尼茨提出了他的微积分，这成为我们现在仍在使用的微积分。

曲线计算

微积分的起源可以追溯到古希腊时期。尼多斯的欧多克索思是在柏拉图学园学习的著名数学家，他提出了一个可以解释无理数的比例的理论，他也研究了穷竭法，这是一种早期用来计算圆的面积的微积分方法。穷竭法与阿基米德确定圆周率的方法相似。利用这种早期的微积分方法，欧多克索思证明了圆锥体积是同底同高的圆柱体积的三分之一。

拉斐尔的雅典学派

穷竭法

这是一种通过画一系列多边形来确定圆的面积的方法，圆内的多边形的边会越来越多，直到多边形和圆之间几乎没有剩余空间。多边形的边数越多，多边形的面积就越接近圆的面积。

有证据表明，印度和中东的数学家在牛顿和莱布尼茨之前就探索了与微积分密切相关的理论。例如，在 14 世纪，印度数学家马德哈瓦（Madhava）就提出了一种微积分。

芝诺悖论

无穷级数是无穷多个项的和。公元前 5 世纪，古希腊哲学家芝诺提出了芝诺悖论。他举了一个例子，阿喀琉斯和一只乌龟赛跑。阿喀琉斯的速度是乌龟速度的 110 倍，本着公平竞赛的精神，他让乌龟先跑了 100 米。当阿喀琉斯追到 100 米时，乌龟已经又向前爬了 10 米，于是，一个新的起点产生了；阿喀琉斯必须继续追，而当他追到乌龟爬的这 10 米时，乌龟又已经向前爬了 1 米，阿喀琉斯只能再往前追。就这样，乌龟会制造出无穷个起点，只要乌龟不停地奋力向前爬，阿喀琉斯就永远也追不上乌龟！

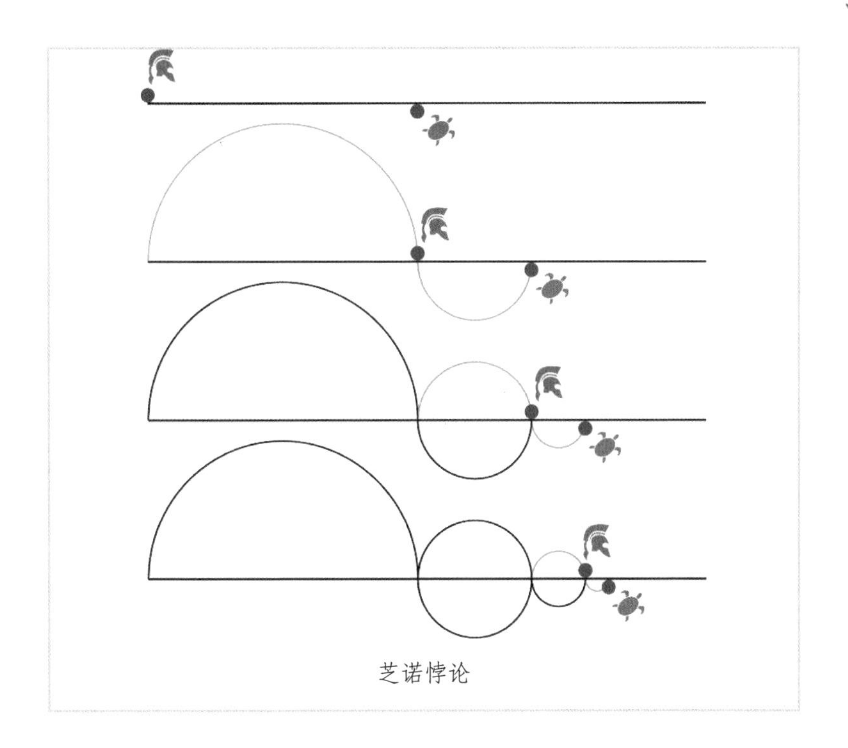

芝诺悖论

近似

欧多克索思和阿基米德发现了微积分的另一方面，即微分。笛卡儿的解析几何为求曲线在任意一点的切线斜率提供了很好的工具。解决这个问题的一种方法是用近似值。函数在某一点的导数就是该函数所代表的曲线在这一点上的切线斜率。

费马发现了抛物线和双曲线的导数，他还通过切线与 x 轴平行的时刻，即导数为零的时刻，研究了极大值和极小值，即曲线的最高点和最低点。由于费马的这项研究，有一些数学家认为费马才是真正的“微积分之父”。艾萨克·巴罗教授是牛顿的老师，他也介绍了一种用切线求导数的方法。

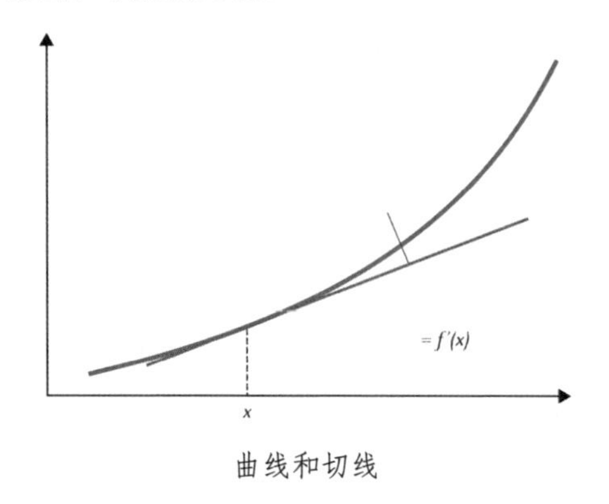

曲线和切线

牛顿承认了费马的贡献，他说："我从费马画切线的方式中得到了启示，并把它应用到抽象方程中……我使它变得一般化。"

牛顿

牛顿是世界上最伟大的科学家之一。

牛顿也被广泛认为是人类历史上最有影响力的人物之一，他的《自然哲学的数学原理》发表于 1687 年（通常简称为《原理》），被列为史上最伟大的科学著作之一。牛顿做了精心设计的光学实验，并创立了力学。牛顿还是皇家铸币厂的厂长、议会成员、伦敦皇家学会的主席。

极限

极限是数学中的一个重要概念，它是当级数中的项数趋于无穷时所接近的值。极限是微积分的一个重要组成部分，它使得使用无穷小成为可能。

就数学而言，牛顿最伟大的成就之一是发现了微积分。事实证明，他并不是唯一一个发现微积分的人。莱布尼茨也提出了自己的微积分，但两人在一场激烈的争论中都声称发现微积分是自己的功劳。

牛顿没有把他的发现叫作微积分，他把它叫作流数术。他设想了一个粒子沿着坐标线移动并形成一条曲线。曲线上的点的 x 坐标和 y 坐标的变化被称为流动量。利用流数术，牛顿计算出了曲线上的点的切线斜率。1666 年 10 月，他写了关于流数术的著作。他当时没有发表论文，但他的思想被许多数学家了解到了，这对微积分的发展产生了重大影响。

大英图书馆的牛顿雕像

莱布尼茨

莱布尼茨是一位哲学家兼外交家，同时也是一位数学家。普鲁士腓特烈大帝曾描述他为“一个完整的学院”。大约在 17 世纪 70 年代，比牛顿晚了几年时间，莱布尼茨提出了一个与牛顿的流数术非常相似的微积分理论。在大约两个月的时间里，莱布尼茨就形成了一个完整的微分与积分理论。与牛顿的比较笨拙的流数术不同，莱布尼茨的微积分易于理解和使用。

莱比锡的莱布尼茨雕像

和牛顿一样，莱布尼茨也是伦敦皇家学会的成员，所以莱布尼茨很有可能知道牛顿的流数术。牛顿也听说了莱布尼茨的研究，并在 1676 年寄给他一份“专利要求书”。与牛顿不同的是，莱布尼茨非常乐意发表自己的研究成果。1684 年，欧洲人第一次从莱布尼茨那里了解到微积分，而不是从牛顿那里（牛顿直到 1693 年才在这方面发表了有关著作）。莱布尼茨在他的著作中没有提到牛顿，当被问及什么是优先权时，他回答：“一个人做出一个贡献，另一个人做出另一个贡献。”牛顿后来反驳道：“第二个发明家毫无价值。”

伦敦皇家学会把微积分的发现归功于牛顿，把微积分成果的第一次发表归功于莱布尼茨。然而，伦敦皇家学会后来又指控莱布尼茨剽窃，莱布尼茨未能从这一打击中真正恢复过来。在莱布尼茨死后，牛顿曾说：“我伤了莱布尼茨的心。”

最终，莱布尼茨的微积分取得了胜利，他的符号和计算方法至今仍被使用。

微积分是什么？

微积分使数学家能够分析一个量随时间的变化率。它分为两类：微分学和积分学。微分学研究的是变化率，如物体在重力作用下的加速度。积分学涉及无穷小的量的求和，如计算涉及曲线的图形的面积。微积分被广泛应用于不同领域，如研究波的作用、行星的运动、化学反应的变化等。

第十三章

画出一个数字——可视化数据

可视化数据

17 世纪末至 18 世纪初是欧洲的启蒙运动时期，又称理性时代，是科学技术发展的繁盛时期。启蒙运动的成果之一是现代科学的诞生，工业革命开始，并由此产生、积累了巨量的数据和信息。科学家、工程师和经济学家需要一种新的方法来理解和处理所有数据，他们需要的是一种形象化的方法。

将数据可视化得到的结果现在被称为信息图，但在 250 年前，数据和图形是两种完全不同的传达信息的方式，很少结合在一起使用。

威廉·普莱费尔（William Playfair）改变了这一切，无论当时还是现在，他的影响都是巨大的。

我们常用图形来表示数据

可视化数据发展时间线	
1669 年	惠更斯利用格朗特的死亡率数据，构建了一张数据的基本图表。
1769 年	约瑟夫·普里斯特利（Joseph Priestley）在他的书中使用了图表。
1786 年	普莱费尔出版了《商业与政治图解集》，其中包括 44 个线形图和一个柱状图。
约 1830 年	安德烈-米歇尔·盖瑞（André-Michel Guerry）绘制了“道德统计图”。
约 1858 年	弗罗伦斯·南丁格尔（Florence Nightingale）利用可视化数据，让人们关注克里米亚战争期间士兵的健康状况。

信息图的诞生

普莱费尔于 1759 年出生于苏格兰，是詹姆斯·普莱费尔牧师的第四个儿子。他的哥哥约翰是当时著名的科学家和数学家，当他们的父亲在 1772 年去世后，就由约翰来负责普莱费尔的教育了。普莱费尔在脱粒机的发明者安德鲁·米克尔（Andrew Meikle）那里当学徒，后来成为伟大的工程师詹姆斯·瓦特（James Watt）的绘图员和私人助理。1777 年，普莱费尔在伯明翰瓦特和马修·博尔顿（Matthew Boulton）共有的蒸汽机工厂工作。

1789 年，当时住在巴黎的普莱费尔参加了攻占巴士底狱的行动，攻占巴士底狱标志着法国大革命的开始。在几年后，他离开了巴黎。

攻占巴士底狱

普莱费尔以务实和创新而闻名于世，他的工程学知识是通过和瓦特一起工作而学习的。普莱费尔申请了很多项专利，包括批量生产镀银汤匙的专利，并对农具提出了各种改良建议。

普莱费尔热衷于写些小册子，经常在他的政治和经济著作中使用数字。他发现统计图表对理解数据有很大的帮助，并坚信图表比表格更能使数据变得易于理解。1786 年，他出版了《商业与政治图解集》，其中包括 44 个线形图和一个柱状图，这是第一本包含统计图表的重要著作。从 1786 年到 1807 年，普莱费尔拓展了统计图表的使用领域，令人惊叹。

普莱费尔的《商业与政治图解集》中的第一张图表展示了 18 世纪英格兰的进出口总额。横轴以十年为单位，纵轴以千万英镑为单位，表示出口货币价值的那条线被涂上了红色，而表示进口量的那条线被涂上了黄色。此外，在《商业与政治图解集》中，普莱费尔还利用条形图描绘了 1780 年至 1781 年间苏格兰的进出口情况。它没有包含时间元素，因为没有足够的数据支撑。普莱费尔宣称它“在实用性上远远不如那些包含时间元素的图表”。在该书的后续版本中，他删除了这张图。

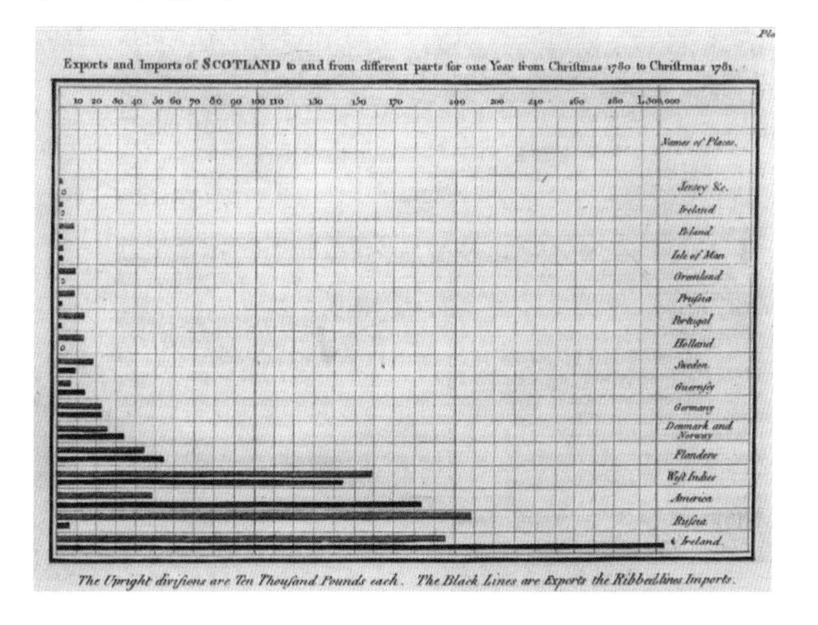

普莱费尔的苏格兰进出口情况图表中没有时间元素，后来被他删除了

普莱费尔将图表统计和制图学进行了比较。商业交易的金额和盈亏都可以很容易地用图表来表示，尽管那时还没有人尝试过。他

写道："根据这一原则，我们制作了这些图表。"他采用了一种他称为"线性算术"的方法，并通过一个商人的例子来说明这一点。这个商人把他每天挣的钱一堆一堆地排列起来，这样就可以直观地记录收入的变化。"线性算术不过就是一堆堆的东西……"

普莱费尔意识到，任何数字都可以被表示为图表上的一个点，不过他并不是第一个这样想的人。惠更斯曾在 1669 年利用格朗特的死亡率数据，构建了一张数据的基本图表。氧气的发现者、科学家普里斯特利，在他的两本书中使用了图表。普莱费尔把他的灵感归功于他的哥哥约翰。约翰让普莱费尔把每天的温度变化记录下来，并按度数记录。普莱费尔写道："约翰让我明白，任何可以用数字表示的东西，都可以用线条来表示。"

普莱费尔的图表法，使得启蒙运动时期科学家和工程师研究激增的数据变得更容易。普莱费尔认为，将数据可视化为图表，更容易被人理解和记住，人们也更容易找出数据随着时间的推移而发生的重大变化。他写道："数据应该对眼睛'说话'。"

普莱费尔还认为可视化数据可以节省时间。他认为，对他的图表进行五分钟的细读就能收集到足够多的信息。他写道："随着社会的进步，以及交易越来越频繁，人们也越来越希望能简化传递信息的方式。"

1805 年，普莱费尔出版了一份关于强国和富国衰落的原因的调查报告。尽管普莱费尔关注的是国家债务和贸易平衡，但他认为，政府可以采取相关措施防止衰退。经济学家亨利克·格罗斯曼在 1948 年的著作中将普莱费尔描述为最早发展资本主义的理论家之一。

普莱费尔采用了笛卡儿的 x 轴和 y 轴坐标，并使用它们来表示数据，这是一种大受欢迎的做法。很快，城市犯罪率和疾病传播率也开始用图表呈现。在 19 世纪 30 年代的法国，一位名叫盖瑞的律师绘制了一幅图，即他所谓的“道德统计图”。他在图中使用了阴影，用较深的阴影来表示犯罪率或文盲率更高的地方。

到 19 世纪中叶，科学家开始使用可视化数据来研究流行病。当 1854 年伦敦暴发霍乱时，内科医生约翰·斯诺（John Snow）绘制出了出现疫情的地点的图表。

英国护士南丁格尔是可视化数据的拥护者之一。她从小就对数学很感兴趣，在克里米亚战争期间，她得到了展示自己的数学才能的机会。

她对部队医院和兵营的较差的卫生条件感到震惊，于是说服维多利亚女王让自己调查相关问题。南丁格尔和她的朋友，美国统计学家威廉·法尔（William Farr）开始分析部队的死亡率。她们对结果大吃一惊——士兵死亡的主要原因不是战争，而是感染。

南丁格尔意识到，她们收集的数据最好以可视化的形式呈现，“通过眼睛来影响我们无法通过耳朵传达给公众的东西”。她使用了极坐标饼图，这是饼图的一种新形式。她把“馅饼”分成十二块，每块代表一年中的一个月，根据死亡人数的多少分为大块和小块，用颜色表示死亡的原因。

议会直观地了解到现实状况，于是很快成立了一个卫生委员会，以改善部队的卫生条件，不久后，死亡率下降了。南丁格尔是第一批使用可视化数据来影响公共政策的人，她当然不会是最后一个这样做的人。

第十四章

数论

数论

数学主要研究数字及其性质，数字之间的关系，以及我们可以对它们执行的各种运算等。

直到 20 世纪中期，数论一直被认为属于纯粹数学领域，在现实世界中的作用不大。然而，随着计算机和通信技术的发展，人们越来越清楚地认识到，数论在解决现实世界的问题方面有重要作用，主要体现在助力政府和企业设计强大的加密方案方面。

数论发展时间线	
约公元前 6 世纪	毕达哥拉斯为数论奠定了基础。
公元前 4 世纪	欧多克索斯提出了他的比例理论。
约公元前 4 世纪	欧几里得把数字定义为“由许多单位组成的群体”。
3 世纪	丢番图出版了《算术》一书。
17 世纪	费马激发了人们对数论的兴趣。
1729 年	在克里斯蒂安 · 哥德巴赫（Christian Goldbach）的激励下，欧拉开始了 50 年卓有成效的数论研究。
1801 年	高斯出版了《算术研究》，它现在还在影响着人们对数论的理解。
19 世纪 90 年代	赫尔曼 · 闵可夫斯基（Hermann Minkowski）研究了数论的一个分支——几何数论。

数学积木

毕达哥拉斯学派被认为是数论的奠基者，他们对数字序列特别感兴趣。

例如，他们发现任何数字 n 的平方等于前 n 个奇数的和。因此，如果 $n=6$，则 $6^2=36$，前六个奇数（1+3+5+7+9+11）的和也等于 36。毕达哥拉斯数论的关键是整数。

沙特尔大教堂的毕达哥拉斯雕像

作为微积分开创者之一的欧多克索斯提出了一个可以用来解释无理数的比例理论，对毕达哥拉斯学派构成挑战。正如英国科学传记作家 G.L.赫胥黎（G. L. Huxley）所说，数论得以再次发展，为此后的数学研究带来了不可估量的帮助。

在《几何原本》第七卷中，欧几里得将一个数定义为“由许多单位组成的群体”（对于欧几里得来说，2 是最小的数）。《几何原本》还包括一些关于数论的重要思想，特别是关于质数的研究。质数是只能被自身和 1 整除的数，它们在数学中起着至关重要的作用。欧几里得对质数有两个重要观点。第一，他证明了质数的数量是无限的。第二，他证明了非质数可以分解成质数的乘积，例如，42=2×3×7，2、3、7 都是质数，这后来成为算数的基本

牛津大学自然史博物馆的欧几里得雕像

定理。任何大于 1 的整数要么是质数，要么可以写成质数的乘积。质数就像积木块，其他整数都可以由它组成。

公元 3 世纪，亚历山大的丢番图在数论方面取得了新的进展，他出版了《算术》，极大地影响了数论的发展。丢番图提出的数论问题成为后来的数学家费马的灵感来源。

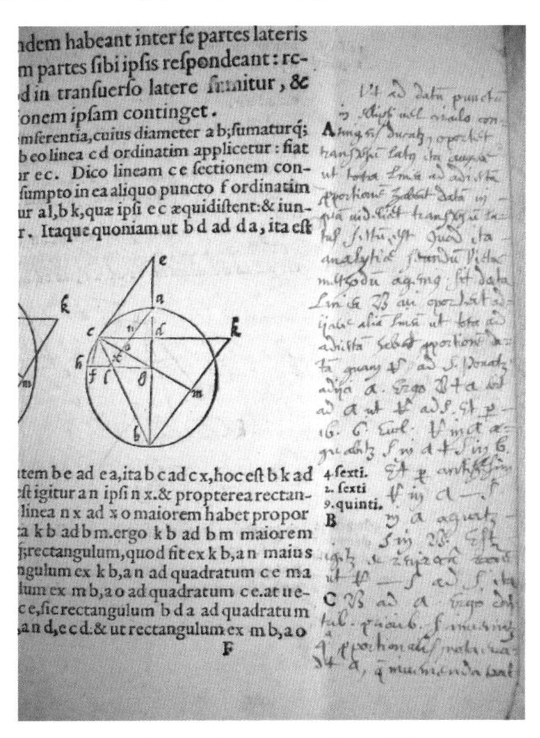
ndem habeant inter se partes lateris
m partes sibi ipsis respondeant: rc-
d in transuerso latere finitur, &c
ionem ipsam continget.
mferentia, cuius diameter a b; sumaturq;
b eo linea c d ordinatim applicetur: fiat
r ec. Dico lineam c e sectionem con-
sumpto in ea aliquo puncto f ordinatim
ur a l, b k, quæ ipsi e c æquidistent: & iun-
r. Itaque quoniam ut b d ad d a, ita est

item b e ad e a, ita b c ad c x, hoc est b k ad
st igitur a n ipsi n x. & propterea rectan-
linea n x ad x o maiorem habet propor
a k b ad b m. ergo k b ad b m maiorem
; rectangulum, quod fit ex k b, a n maius
ngulum ex k b, a n ad quadratum c e ma
lum ex m b, a o ad quadratum c e. at ue-
c e, sic rectangulum b d a ad quadratum
, a n d, e c d: & ut rectangulum ex m b, a o

A
4 sexti.
2. sexti
9. quinti.
B
C
F

《算术》页边空白处的费马的笔记

《算术》包含了 130 个方程，后来这些方程被称为丢番图方程。丢番图方程是有一个或几个变量的整数系方程。

在罗马帝国灭亡后的一千年里，欧洲数学的发展陷入了停滞。但在世界其他地方并非如此。在中国、印度和中东地区，人们对数学的认识在不断改变。以印度为例，公元 800 年左右，简单易用的包括 0 在内的十进制数字系统得到了发展，最终被数学家所接受。15 世纪，印度和阿拉伯国家的数学知识对重振数学研究起了推动作用，不过文艺复兴时期的欧洲还是更强调代数和几何，数论在当时是一个不太重要的研究方向。

费马

让人们重拾对数论的兴趣，费马的功劳最大。他对数字很感兴趣，尽管他发表的文章很少，但他发现的问题使数论走上了正轨。

在费马仔细阅读丢番图的《算术》时，费马得到了数学史上最著名的定理之一——费马大定理。“将一个三次幂分成两个三次幂之和，将一个四次幂分成两个四次幂之和，或者将一个高于二次的幂分成两个同次幂之和，这些是不可能实现的。关于这件事，我已经找到了一种证明方法，可惜篇幅有限，写不下了。”这就是费马提出的著名猜想，为了证明它，数学家研究了 300 多年，直到 20 世纪 90 年代才最终证明了它。

欧拉

到了 18 世纪，欧洲的数学成就远远超过了当时的希腊、印度和中东地区，数论也得到了进一步发展。把数论从“冷宫”中带入主流数学界在很大程度上归功于瑞士数学家欧拉。欧拉是数学界的一位杰出人士，他在很多研究领域都做出了贡献。荷兰一位数学家这样描述欧拉：他是 18 世纪最高产的数学家之一。

一开始欧拉和当时的大多数数学家一样，对数论不感兴趣。激发他兴趣的人是热衷于数论的哥德巴赫。1729 年 12 月初，哥德巴赫写信给欧拉，问他是否知道费马的推论“所有的 $2^{2n}+1$ 都是质数”。欧拉的回应是，他证明了费马的推论是错误的。

欧拉

在接下来的 50 年里，欧拉对数论进行了大量的研究，其中很多都是为了解决费马提出的问题。1736 年，他证明了费马小定理；18 世纪中叶，他证明了费马大定理。

亲和数

欧拉还研究了亲和数，这是另一个费马感兴趣的问题。亲和数是一对数字，其中一个数字的全部因数之和等于另一个数字的全部因数之和。第一对数字是 220 和 284。220 可以被 1、2、4、5、10、11、20、22、44、55 和 110 整除，220 的因数之和是 284，284 可以被 1、2、4、71 和 142 整除，284 的因数之和是 220。在欧拉的时代，当时的人们只知道三对亲和数，第三对亲和数是由费马发现的。后来，欧拉找到了 58 对新的亲和数！

倒数第二小的亲和数是 1184 和 1210，曾经被费马、欧拉等数学家忽视，这对亲和数是在 1866 年被 16 岁的意大利少年尼科洛·帕格尼尼发现的。

欧拉被哥德巴赫的猜想所吸引，即任何大于 2 的偶数都可以写成两个质数的和，然而，他无法证明这是正确的。

欧拉的研究成果推动了数论的发展。1770 年，著名数学家约瑟夫·路易斯·拉格朗日证明了一个正整数能表示为最多四个平方数的和。

高斯

高斯被很多人称为“数学王子”，他是最具影响力的数学家之一。他是一个数学天才，有许多关于他非凡的数学才能的故事。据说，在年仅三岁时，他就更正了父亲在计算工资时的一个错误。

在高斯五岁时，他就开始定期管理父亲的账目了。在七岁时，他就能在数秒之间算出 1 到 100 的所有数字之和，让老师大吃一惊。他先把 100 个数字分为 50 对数字，每对数字之和是 101（1＋100=101，2＋99=101，3＋98=101，等等），50 对数字之和为 5050。

小行星猎人

1801年，意大利天文学家朱塞佩·皮亚齐（Giuseppe Piazzi）发现了后来被命名为谷神星的小行星，在天文学领域引起了轰动。不幸的是，天文学家还没有进行过足够多的观测，它就“消失”在了太阳的后面，因此难以精确计算它的轨道，也无法预测它会在哪里重新出现。

高斯成功地再次找到了谷神星。他采用了一种叫作最小二乘法的方法，这种方法允许观测误差的存在。

谷神星的照片由美国宇航局的“黎明号”探测器拍摄

高斯对数学的很多方面都做出了重要贡献，不过，他最喜欢的研究领域始终是数论。1798年，在高斯21岁时时，他写下了《算术研究》，这部著作在1801年出版，这是第一部系统地探讨数论的教科书，它是研究数论的基础，至今依旧影响着人们对数论的思考。在这本书里，高斯证明了最初由欧几里得提出的算术的基本定理是正确的。高斯启发了19世纪的数学家，就像欧拉启发了此后的数学家一样。然而，不幸的是，在后来的几年里，高斯对那些主动接近他的人越来越傲慢，甚至对那些向他请教数学问题的人不屑一顾。

数字和时空

闵可夫斯基

19 世纪末，闵可夫斯基研究了数论的一个分支——几何数论，这是一种利用多维空间几何解决数论问题的方法。它涉及一些复杂的概念，如向量空间和格点。闵可夫斯基是爱因斯坦的老师。闵可夫斯基在 1907 年意识到，爱因斯坦于 1905 年提出的狭义相对论可以用时间和空间的四维组合来理解，这种可视化表达被称为闵可夫斯基空间。当被问及爱因斯坦的理论时，闵可夫斯基表示，这有点让人吃惊，因为年轻的爱因斯坦“一直很懒……他从不去研究数学”。

有趣的数字

有一个英国数学家 G. H.哈代（G. H. Hardy）去医院看望印度数学家斯里尼瓦瑟 · 拉马努金（Srinivasa Ramanujan）的著名的数学轶事。拉马努金没有接受过正式的数学训练，他以研究数字之间的关系而闻名。当哈代到达医院时，他说他乘坐的那辆出租车的车牌号是 1729，并表示这是一个相当无趣的数字。拉马努金立即回答说，恰恰相反，1729 这个数字十分有趣。事实上，1729 是可以用两种不同的形式表示为两个立方数之和的最小整数。1729

$=10^3+9^3$，$1729=12^3+1^3$。到处都有有趣的数字——如果你知道如何找到它们！

数论和密码学

数学家哈代曾把数论描述为“纯粹数学中最无用的分支之一”。他于 1947 年去世，仅仅三十年后，人们就用数论发明了一种信息加密算法，RSA 加密算法就是其中之一，这是目前最流行和最安全的公开密钥加密方法之一。这一算法基于这样一个事实：人们很难分解很大的数字。它所做的是取两个很大的数字，使它们相乘得到一个非常大的数字。这可能是当今世界上使用得最频繁的加密方法之一，人们通过互联网安全地进行支付，安全地登录电子邮件和享受其他个人服务都离不开这种加密方法。

待解决的问题

目前，数论中一些重要的数学问题仍未被解决，如黎曼假设，这可以追溯到 1859 年。德国数学家波恩哈德·黎曼（Bernhard Riemann）研究了质数的分布，他提出了一个问题：给定一个整数 N，会有多少个质数小于 N？他的假设是，质数与现在被称为黎曼 ζ 函数有关。数论中未得到解决的古老问题之一是哥德巴赫猜想。1742 年，数学家哥德巴赫给欧拉写了一封信，他在信中指出，任何大于 2 的整数都可以表示为三个质数的和。

欧拉对这个问题做了自己的解释，他推测每一个大于 2 的偶数都是两个质数的和，欧拉的推测被称为强哥德巴赫猜想。

计算机搜索显示，这一猜想适用于 4×10^{18} 以下的数字。虽然到目前为止，我们验证的每个数字都符合强哥德巴赫猜想，但仍然无法证明它在无穷大时依旧成立。

2013 年，所有大于 7 的奇数都能表示为三个奇质数之和的弱哥德巴赫猜想被证明是正确的。巴黎高等师范学院的研究员哈洛德·贺欧夫（Harald Helfgott）自 2006 年以来一直致力于解决这个问题并最终获得成功。

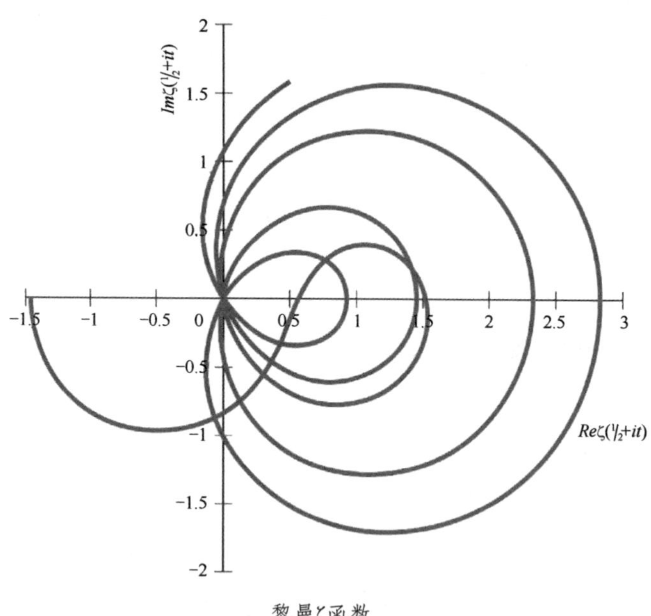

黎曼ζ函数

第十五章

无穷问题

无穷问题

数学中的无穷是一个有争议的概念——无穷是实际存在的，还是只是一个概念？在现实世界里真的有无穷的东西吗？从远古时代起，人们就想知道世界是否会一直存在下去，如布满星星的天空是否会永远存在。这些问题数学能解决吗？处理无穷这个概念可能是数学中最具挑战性的问题之一，也是数学家两千多年来一直在努力解决的问题。

亚里士多德认为无穷并不真正存在，所以在数学世界里没有它的位置。19 世纪末，数学家格奥尔格·康托尔（Georg Cantor）发明了集合论。康托尔的集合论表明，至少在理论上，可能存在无穷多个无穷大。

数学会不会消失在无穷中

无穷问题发展时间线	
公元前 5 世纪	芝诺在芝诺悖论中使用了无穷小。
公元前 4 世纪	亚里士多德认为存在潜无穷，不存在实无穷。
公元前 1 世纪	卢克莱修（Lucretius）思考了在有限宇宙的边界上可能会发生什么。
12 世纪	印度数学家婆什迦罗认为 1 除以 0 应该等于无穷大。
约 1600 年	伽利略致力于研究无穷问题。
1655 年	约翰·沃利斯（John Wallis）引入了表示无穷的符号∞。
约 17 世纪六七十年代	牛顿和莱布尼茨利用无穷小研究了微积分。
1851 年	伯纳德·波尔查诺（Bernard Bolzano）出版了《无穷的悖论》。
约 1874 年	集合论诞生。
1924 年	大卫·希尔伯特（David Hilbert）通过想象一个拥有无穷多房间的旅馆来解释无穷。

古代世界的无穷问题

古希腊数学家很早就开始研究无穷了。公元前 5 世纪，哲学家芝诺在芝诺悖论中把时间和距离划分为很小的片段，而原子论者认为世界是由无数个不可分割的粒子构成的。

宇宙是否会无限延伸，延伸到无限的空间和时间

亚里士多德关于无穷提出了一种新的解释，这种解释在接下来的 2000 多年里一直占据主导地位。他认为，虽然人们有可能设想出一种潜无穷，但实无穷并不存在。他表示，无论潜无穷还是实无穷，对数学家来说都不重要。在他的著作《物理学》中，他写道："我们的解释并没有因为否定了无穷的实际存在而剥夺数学家的科学知识……事实上，他们并不需要无穷，也不需要使用它。"

欧几里得证明了质数无穷大，并指出从某种意义上说，这是一个潜在的无穷大，而不是一个实际的无穷大。大多数数学家接受了亚里士多德关于潜无穷的观点，不过也有一些人提出了一些令人信服的关于实无穷的观点。公元

卢克莱修

前 1 世纪，卢克莱修在他的《物性论》（*On the Nature of Things*）中提出了如下问题。

假设宇宙是有限的，这就意味着它必须有一个边界。假设你走近那个边界，向边界外扔了一块石头，石头会落到哪里？它会落在宇宙之外吗？现代宇宙学告诉我们，宇宙有可能既是有限的又是无限的。卢克莱修提出的问题很有趣，人们为此争论了很多个世纪。

印度人对无穷大的认识

印度吠陀时代的数学家曾经研究过一些非常大的数字。公元前 1000 年以前的咒语要计算一百到一万亿的十次方，4 世纪的一篇梵文文献记录了某个计算系统算出了相当于 10^{421} 的数字，这比目前估计的整个宇宙的原子数量还要大，也许它是古代数学家所能达到的最接近无穷大的数字。印度数学家也将 0 引入了数学，用它作为一个独立的数字而不仅仅是一个占位符。

为了做到这一点，他们必须确保 0 和其他数字都符合算术规则。7 世纪，数学家婆罗摩笈多建立了处理 0 的基本规则（$1+0=1$；$1-0=1$；$1\times0=0$），他还认为 $1\div0=0$。12 世纪，另一位印度数学家婆什迦罗认为 $1\div0$ 的答案应该是无穷大，理由是 1 被分成了无数与 0 一样大的碎片。然而，根据这种逻辑，每个被 0 除的数都等于无穷大，如果你把等式反过来，就会得到 0 乘以无穷大等于每个数这个结果。在数学中，数字被 0 除实际上是“未定义的”

（也就是说这没有意义）。

小于1的最大数字是什么?

小于1的最大数字是多少？是0.999吗？不是，因为我们可以在0.999后面再写1个9得到一个更大的数字。事实上，这个数字可以拓展到无穷大——0.99999…。因为没有数字可以挤进1和0.99999…之间，这导致了看似矛盾的现象：如果在数轴上1和0.99999…之间没有其他数字，那么实际上0.99999…等于1！由此得出的唯一合乎逻辑的结论是，小于1的最大数字不存在！

中世纪的难题

除了少数思想家，中世纪的思想家很乐意把无穷的问题留给上帝去处理。圣·奥古斯丁认为，上帝不仅是无穷的，上帝还可以无穷地思考，并且上帝了解所有数字。正如他所说，有人敢否定这个结论吗？

有一个涉及无穷的有趣悖论，中世纪的思想家都意识到了这一悖论。如果一条线可以分成无穷多的点，那么与半径为一个单位的圆相比，半径为两个单位的圆上是否会有更多的无穷多个点？因为半径为两个单位的圆是半径为一个单位的圆的周长的两倍，所以，半径较大的圆上应该比半径较小的圆上包含更多的无穷多个点。但是，由于圆具有相似性，所以我们可以把小的圆上的任意一点映射到大圆上。我们似乎有了两个无穷，其中一个更大一些，但其实两者一样大。

圣 · 奥古斯丁

17世纪初，伟大的科学家伽利略研究了解决这个问题的方法。他提出可以通过增加无穷多个无穷小的间隙，使小圆的周长与大圆的周长相等。但是，伽利略所研究的是无穷的和不可分割的东西，它们都超越了当时人们有限的理解能力。最后，他不再研究这个问题，后来这被称为伽利略悖论。伽利略证明了所有自然数和自然数的平方存在一种一一对应的关系，这说明平方数与自然数一样多，尽管有许多整数不

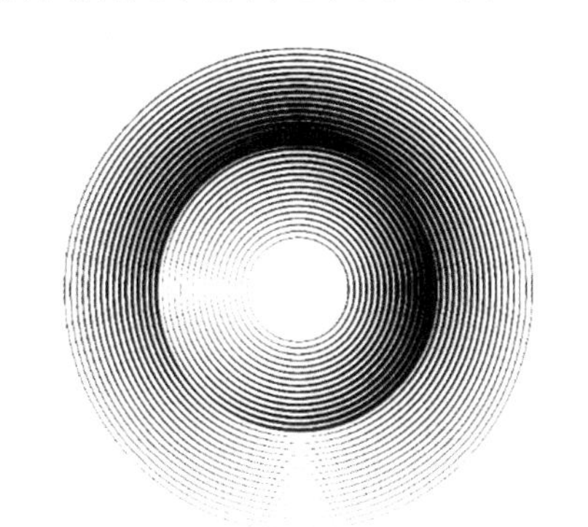

一个大圆上的点的数目是无穷大吗？
会比一个小圆上的无穷多个点还要多吗？

是平方数。他解释道："当我们用有限的思维去讨论无穷时，问题就产生了；但是我认为这么做是错误的，因为我们不能说无穷比另一个数字更大、更小或与另一个数字相等。"伽利略的结论是：相等、更大和更小这样的属性都不适用于无穷。

佛罗伦萨的伽利略墓

无穷符号：∞

我们现在用符号∞表示无穷（Lemniscate），最初它是由英国数学家沃利斯发明的，他在 1655 年的《圆锥曲线论》和 1656 年的《无穷小算术》中都使用了这个词。他选择用 Lemniscate 来表示无穷的意思——无休止地循环下去。

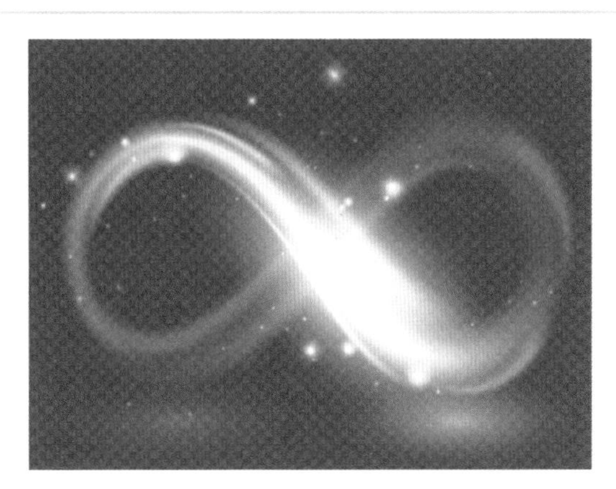

无穷符号

早些时候，牛顿利用流数术发展了微积分，虽然他取得了一些成果，但其他人还是对关于无穷小的概念将信将疑。爱尔兰哲学家乔治·贝克莱（George Berkeley）问道："这些流数在哪里？它们不是有限的量，也不是无穷小的量，也不是0。难道我们不该称其为幽灵数字吗？"

牛顿认为空间不仅非常大，而且实际上是无穷的。他认为这样的无穷是可以被理解的，但人们无法想象出来。另外，伊曼努尔·康德（Immanuel Kant）认为实无穷不存在，因为它不可想象。在《纯粹理性批判》（*The Critique of Pure Reason*）中，康德写道："为了把充实一切空间的这个世界设想为一个整体，就必须把一个无穷世界各部分的相继综合看作完成了的，亦即一个无穷的时间就必须通过历数一切并存之物而被看作流逝了的。"

希尔伯特旅馆

德国数学家希尔伯特通过想象一个拥有无穷多房间的旅馆来解释无穷。虽然房间都被预订完了，但旅馆总是能够为客人找到一个空房间。当新客人到达旅馆时，接待员就会要求所有客人搬到比现在多一个号的房间，原本住在1号房间的客人搬到2号房间，原本住在2号房间的客人搬到3号房间……这样新客人就会住进1号房间。有一天，很多新客人同时到达旅馆，但接待员并不着急，他要做的是让现在的客人都搬到偶数号的房间，原本住在1号房间的客人搬到2号房间，原本住在2号房间的客人搬到4号房间……这样旅馆就可以提供无穷多的奇数号空房间给新来的客人了。

希尔伯特

集合论

人们对无穷的数学理解大多来自波尔查诺的《无穷的悖论》（*Paradoxes of the Infinite*）一书。

在这本书中，波尔查诺认为无穷的确存在，在论证过程中他引入了集合的概念，并下了定义："我把集合看成一个群集，其中各个部分的顺序是无关紧要的，如果只是顺序发生了变化，那就不会有什么真正的变化。”康托尔认为，一个集合就是一个“多”，它能被视作一个“一”。

为什么定义一个集合可以使实无穷成为现实的问题呢？例如，如果我们把整数看作一个定义好的集合，那么这里存在一个单一的实体，即整数集，它必须是真正无穷的。亚里士多德依据他的潜无穷概念，从我们永远不能把自然数想象成一个整体的角度来研究整数。然而，数字可能是无穷的，因为无论给定多少个有限的数字集，我们总能找到一个更大的数字集。但在集合的概念中，亚里士多德的数字集无论多么大，它都只是整数集合的一个子集，而整数集合本身必须是无穷的。

数学家康托尔认同波尔查诺的观点并提出了自己的观点。1874年，康托尔发表了一篇文章，这标志着集合论的诞生，不过这很快就引起了争议。数学物理学家亨利·庞加莱（Henri Poincare）宣称集合论是一种“疾病”，数学也许有一天会从这种“疾病”中康复。在这篇论文中，康托尔考虑了至少两种不同情况的无穷。在此之前，无穷大的阶数不存在，所有的无穷大集合都被认为是同样无穷的。

康托尔研究了自然数的无穷级数（1, 2, 3, 4, 5…）和10的倍数的无穷级数（10, 20, 30, 40, 50…）。即便10的倍数属于自然数的子集，这两组无穷级数依旧可以在一对一的基础上配对（1对10，2对20，3对30，等等）。这证明了它们有相同数量的元素，因此，无穷集合的大小也相同。显然，同样的配对也适用于自然数的其他子集，如奇数和偶数。康托尔意识到他可以将所有的分数与所有的整数配对，这表明分数也和整数一样是无穷的，虽然在直观感受上，分数的数目远远超过整数的数目。

但当康托尔研究无穷级数的十进制数时，如π、e 和 $\sqrt{2}$ 这样的无理数，这个方法失灵了。他表示人们总能构造出新的小数，从而证明了十进制数的无穷大，实际上十进制数的无穷大比自然数的无穷大更大。这表明，在每两个相邻有理数之间存在着无穷多个无理数。

康托尔把绝对无穷等同于上帝，并创造了一个新词，“超限数”。康托尔需要一个新的符号来表示无穷集合的大小，他使用了希伯来字母 ℵ 这个符号。他定义 $\aleph_0$ 为整数的无限集合的势，它是一个超限基数；$\aleph_1$ 为更高的基数。他表明，$\aleph_0 + \aleph_0 = \aleph_0$，而且 $\aleph_0 \times \aleph_0 = \aleph_0$。

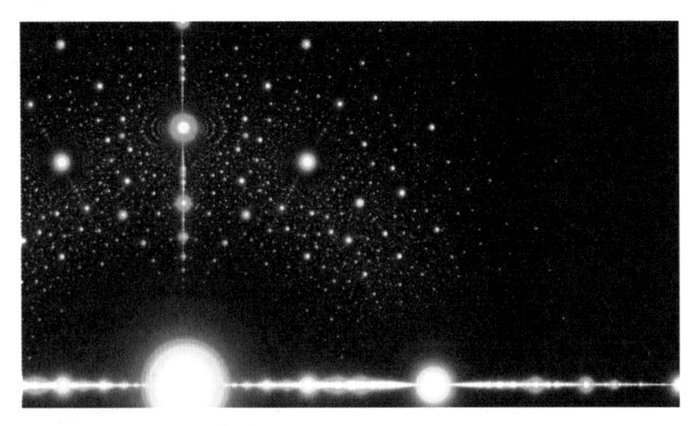

在复数平面上随着整数多项式系数的增大，点会越来越小

在可列集基数和实数基数之间没有别的基数，这就是连续统假设。康托尔认为无穷集合可以进行加减运算，以及在每一个无穷之外，还有更大的无穷。康托尔证明了可能有无穷多个无穷数量的集合——无穷的无穷，这令人兴奋。对于亚里士多德的潜无穷，康托尔说：“事实上，潜无穷的概念总是在逻辑上指向实无穷的概念，它依存于实无穷的概念。”

罗素悖论

1901 年，数学家兼哲学家罗素对集合论提出了挑战。想象一下，我们列出所有不是其自身元素的集合（例如，奇数的集合本身不是奇数，所以不属于奇数这个集合）。我们称这个集合为集合 A，罗素的问题是，集合 A 是否是其自身的一部分？

如果我们说，是的，A 是集合 A 中的一个元素，那么我们会遇到麻烦。因为，根据定义，A 是一个集合，而集合不包含自身的成员，所以 A 不是自身的成员。但是，如果我们说 A 不是集合 A 的一个成员，这也不对，因为我们将集合的标准设置为“不是其自身元素的集合”，所以根据此标准，A 必须是其自身的成员！这就是罗素悖论。

罗素悖论是对康托尔的集合论的致命打击，后来，一种经过改进的集合论取代了康托尔的集合论。集合论对数学产生了重大影响，罗素悖论不是驳倒了它，而是找到了消除悖论的方法。

存在真正的无穷吗

从数学的角度看，无穷确实存在。但是在现实世界中，是否确实存在无穷，或者无穷仅仅是一个抽象的数学符号？

宇宙是无穷的吗？我们不可能知道。光穿越无穷宇宙需要无穷的时间，我们可能活不了那么久。当宇宙大爆炸发生时，理论上我们可以看到一个宇宙的球体，其半径约为 470 亿光年，确实很大，但它还不是无穷的。一种宇宙学理论认为，宇宙可能会永远膨胀下去，如果是这样，那么至少在理论上这是可以测量的，它永远不会是无穷大的。

在小尺度上，据估计，宇宙中的原子数量大约有 4×10^{80} 个，这是一个很大的数，但也不是无穷的。量子物理学家认为这是有限的，我们可以把空间分割成小块，它非常小，但它仍然不是无穷的。

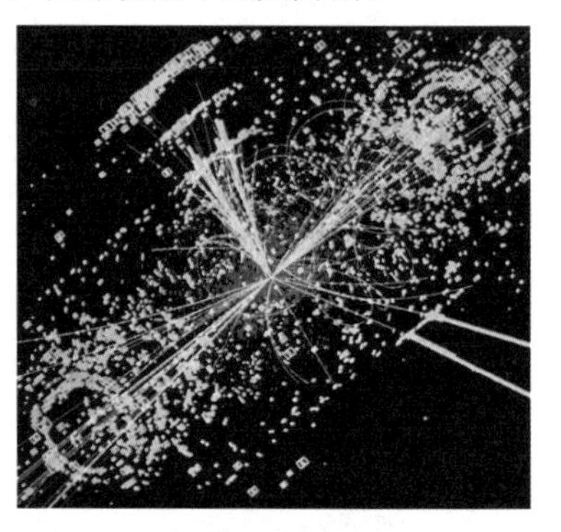

普朗克长度代表了最小的物理尺寸，如果再小就毫无意义了，它大致等于 1.6×10^{-35} 米，大约比质子小 10^{-20}。普朗克时间是光通过普朗克长度的时间，约为 5.4×10^{-44} 秒，看起来我们能理解的无穷小也就是如此。

大型强子对撞器和哈勃空间望远镜让我们得以探索宇宙的尺度，然而，我们仍然难以完全了解无穷

第十六章

拓扑学——形状的转换

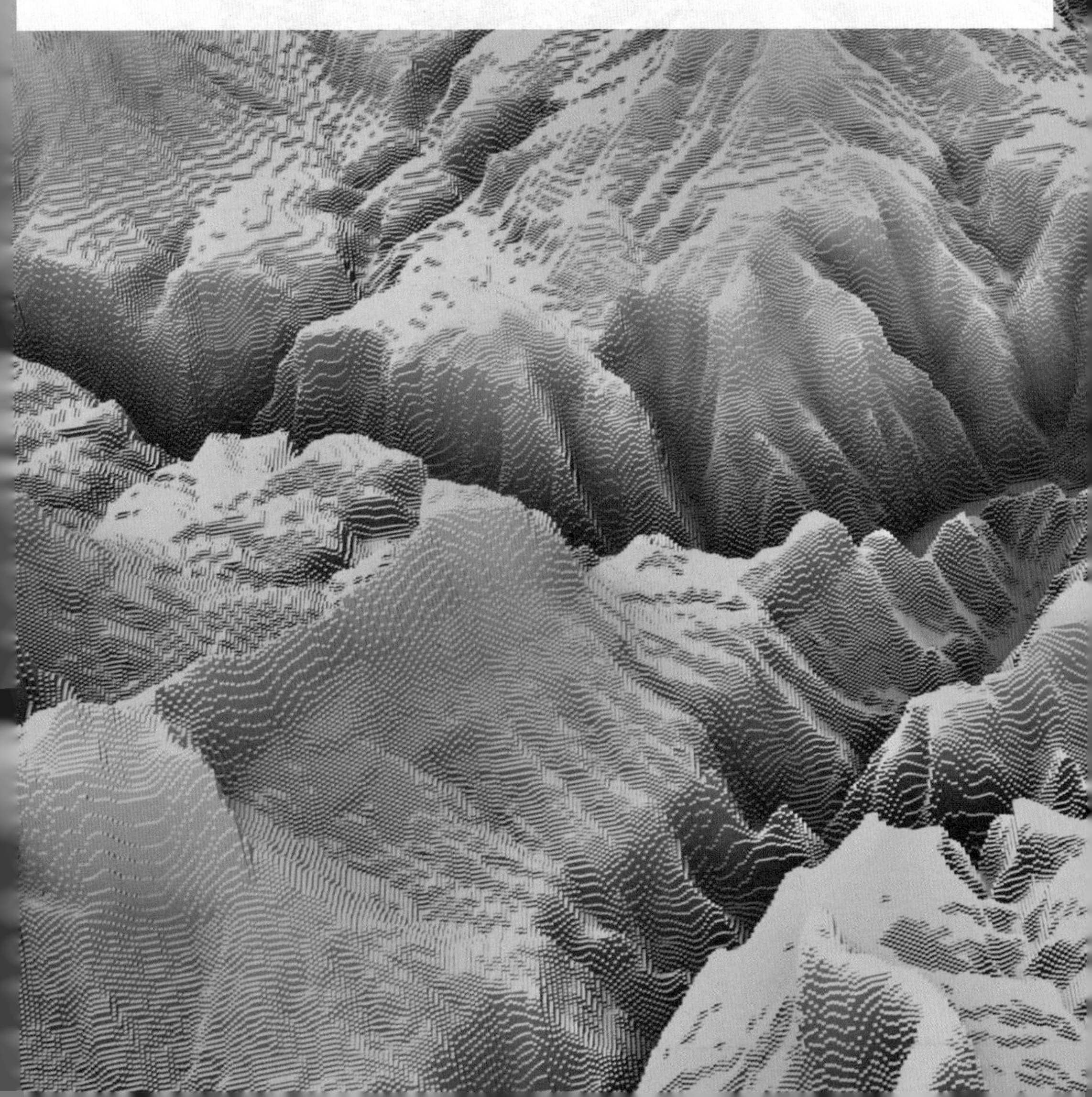

拓扑学——形状的转换

拓扑学是研究几何图形或空间在连续改变形状后还能保持不变的一些性质的学科。拓扑学始于 1736 年，当年欧拉提出了他对哥尼斯堡七桥问题的解题方法。现在的伦敦地铁就使用了拓扑地图。

一个莫比乌斯环

拓扑学发展时间线	
1736 年	欧拉解决了哥尼斯堡七桥问题。
1750 年	欧拉在致哥德巴赫的一封信中提出了多面体公式。
1852 年	弗朗西斯·格斯里（Francis Guthrie）提出了四色定理。
1858 年	奥古斯特·莫比乌斯（August Mobius）发现了著名的莫比乌斯环。

哥尼斯堡七桥问题

18 世纪，东普鲁士的哥尼斯堡有一条河穿过，河上有两个小岛，有七座桥把两个岛与河岸连接起来。哥尼斯堡的居民提出了一个奇怪的问题：一个步行者怎样才能不重复、不遗漏地一次走完七座桥，最后回到出发点。没有人能提出解题方法，所有尝试都失败了，似乎这是不可能完成的。但有没有可能是因为我们还没有找到正确的路线呢？

1735 年，这一问题引起了欧拉的注意。欧拉起初觉得这个问题无法用数学原理解决。他认为，解决的办法是靠推理，而不是靠数学原理。他写道："无论几何还是代数，都不足以解决这个问题。"后来，欧拉找到了一个新的解题方法，为数学的一个新的分支——图论奠定了基础。

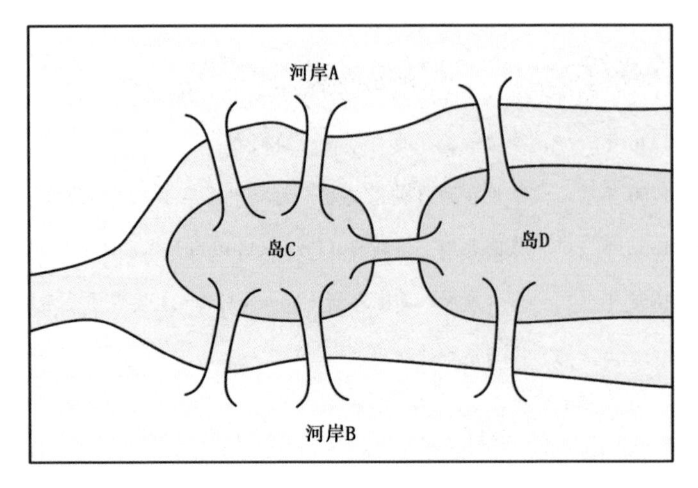

哥尼斯堡七桥问题图示

图论

欧拉认为想要解决这个问题，地理环境是无关紧要的。他把这个问题简化成一个抽象的图形，用点代表一块陆地，用直线或边代表桥，再把点连接起来。图上的直线有多长，或者它们是否是直的，都无所谓。路线的选择也无关紧要，重要的是桥被跨越的顺序。

通过观察，欧拉推断，两个岛由奇数座桥相连，所以不可能建造一条只穿过每座桥一次的步行道。

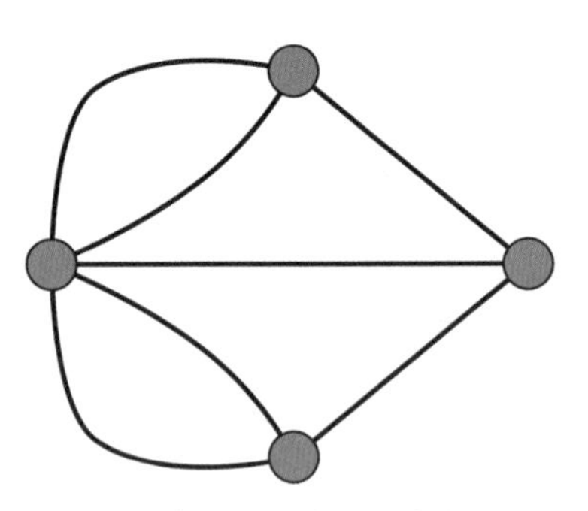

用图形表示哥尼斯堡七桥问题

在图论中，每个节点都有一个度，它表示从中产生的线的数目。欧拉证明了只有当不超过两个节点的度是奇数时，才有可能找到非重复的路线。哥尼斯堡桥的节点的度都是奇数，所以这个问题无解。

欧拉在 1736 年发表了一篇关于哥尼斯堡七桥问题解题方法的论文——《关于位置几何学问题的解法》，这表明欧拉正在研究一种新的几何学，距离与此无关。

通往地下

标志性的伦敦地铁地图是由哈里·贝克（Harry Beck）于 1933 年设计的，它是一个很好的图表范例。车站是顶点，连接它们的铁路是边。不同的线路连接点代表换乘点。为了易于使用，图中的实际距离和方向被调整了。

1750 年，欧拉的研究更进一步，他建立了一种不需要进行测量的数学，当时他给哥德巴赫写了一封信，在信中他提出了著名的多面体公式：

$$v-e+f=2$$

其中，v 是顶点的数目，或者多面体的角的数目，e 是边的数目，f 是面的数目。例如，一个立方体 $v=8$，$e=12$，$f=6$，所以 $v-e+f=8-12+6=2$。这个简单的公式，连杰出的数学家阿基米德和笛卡儿都没想到，尽管他们都对多面体进行过深入研究。有人认为，在欧拉引入这种不同的思维方式之前，人们不可能用一种不需要测量的方式对几何学进行概念化。

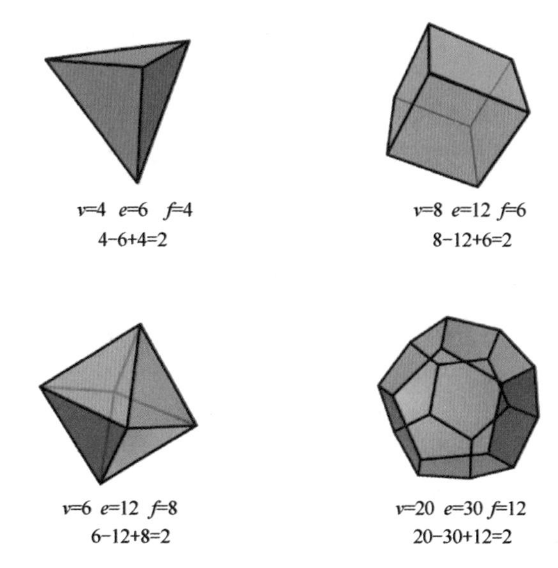

欧拉的多面体公式

握手定理

握手定理是图论的第一个定理，是欧拉在解决哥尼斯堡七桥问题的过程中提出的。它指出，在任何图中，奇度结点（由该点引出的边为奇数条）的个数是偶数。正如下面的握手定理示意图所示，如果你数一下所有奇度结点的个数，你一定会得到一个偶数。你再数一下偶度结点（由该点引出的边为偶数条）的个数，你也会得到一个偶数。

握手定理示意图

非平面图形

想象一下，有三个房间，每个房间都要连上煤气、电和水，这些连接不能交叉。你能做到吗？答案是不能。没有交叉点就不能在平面上绘制的图形为非平面图形。当然，要解决这个问题很容易，只要走出平面世界，进入三维立体世界即可。

树状图

树状图是一种不同于桥型图的图形。哥尼斯堡七桥问题没有明确的起点和终点，在同一点开始和结束时经过图形的路径称为循环，树状图没有循环。

计算机上的目录以树状图的形式排列，根目录有一个从中分出的子目录。因为没有循环，所以从一个分支到另一个分支的唯一方法是通过根目录。

树状图在有机化学中很重要，分子可能含有相同数量的氢原子和碳原子，但是原子的不同连接方式使每种组合都有不同的化学性质。

四色定理

四色定理是由格斯里在1852年首次提出的。它表明，所有地图都可以只用四种颜色着色。1976年，肯尼斯·阿佩尔（Kenneth Appel）和沃尔夫冈·哈肯（Wolfgang Haken）最终证明了这一点，这是第一个用电脑证明的定理，电脑需要大约1200个小时的运行时间。

拓扑学

拓扑学是研究形状和表面但不涉及规则几何（如测量和角度）的几何学分支，它与图论有关，并从图论发展而来。拓扑学家把每一个形状都变成了节点，这些节点和连接映射出形状的特征，无论形状如何变化，这些特征都保持不变。

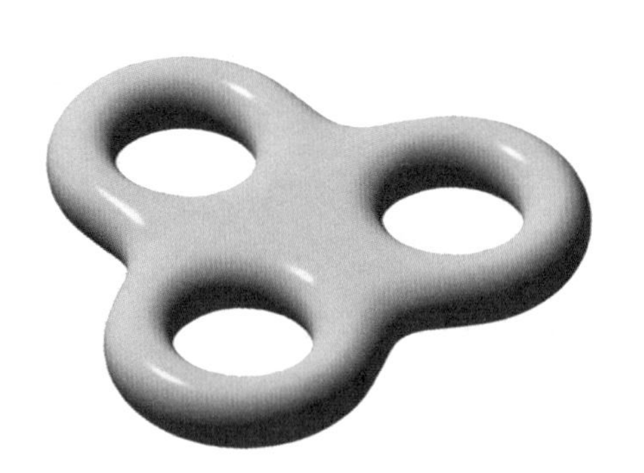

一个三重环，欧拉示性数为3

对于拓扑结构来说，重要的是当形状发生改变时不会随之改变的那些特性。这种形状变化是指可以向任何方向推拉、扭曲和拉伸，这些都是连续变形，但不允许切割或撕裂，也不允许将其中的一部分粘在另一部分上。

宇宙拓扑学

宇宙学家在研究宇宙结构时使用了拓扑学知识。宇宙的确切形状取决于宇宙中物质的数量，这对于宇宙是如何产生的、宇宙的运动方式，以及在未来某个遥远的时间宇宙可能因何种原因消失，有着非常重要的影响。所以，你可能会说拓扑学的应用范围覆盖了全宇宙！

多面体

拓扑学家研究的最基本的形状是多面体。拓扑学的起源可以追溯到古希腊。欧几里得在他的《几何原本》中介绍了五种正多面体，称为柏拉图立体，分别如下：

四面体，有四个三角形的面。

立方体，有六个正方形的面。

八面体，有八个三角形的面。

十二面体，有十二个五边形的面。

二十面体，有二十个三角形的面。

它们都适用于欧拉多面体公式 $v-e+f=2$。

假设现在我们取一个多面体，挖一条通道穿过它，那它还是多面体吗？如果我们在立方体上切去一个角，那么 v 等于 16，e 等于 32，f 等于 16，欧拉多面体公式不成立，得到的结果是 0。要使欧拉多面体公式适用于所有形状，我们就要根据它们包含的孔数来分类。每个形状都有一个值，叫作欧拉示性数，由公式 $v-e+f=2-2r$ 得出，其中 r 是孔数。如果没有孔，就像正多面体一样，其欧拉示性数是 2；如果有一个孔，如一个甜甜圈，其欧拉示性数是 0；如果有两个孔，其欧拉示性数是–2。

拓扑学家推断，一个形状如果能被拉伸，变成另一个形状，如果这些形状的欧拉示性数相同，那么这些形状的性质不变。一个典型的例子是咖啡杯变成甜甜圈，两者的表面都有一个孔，因此它们在拓扑学上是一样的。

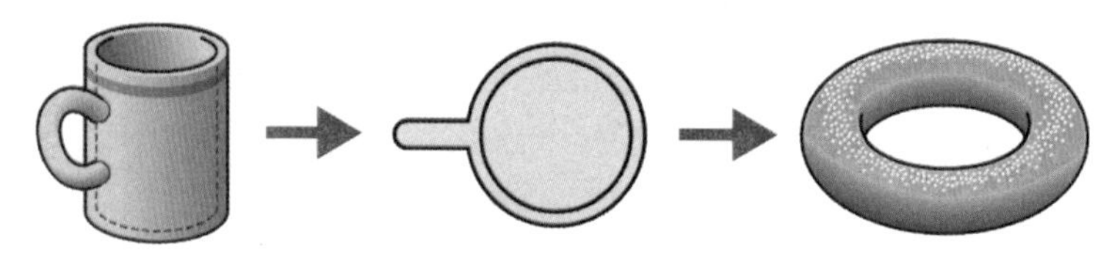

咖啡杯变成甜甜圈

莫比乌斯环和克莱因瓶

普通纸带具有两个面（即双侧曲面），一个正面，一个反面。如果不在纸带上穿个洞，那么物体无法从纸带的一个面到另一个面上。但是，如果你把一个纸带扭转 180°后，再把纸带的两头接起来做成纸带环，这个纸带环便有了魔术般的效果。德国数学家莫比乌斯在 19 世纪就这样做了，他发现这样的纸带环只有一个面（即单侧曲面），一只小虫可以爬遍整个曲面而不必跨过它的边缘。这种纸带环被称为莫比乌斯环。

一个莫比乌斯环

另一位德国数学家菲利克斯·克莱因（Felix Klein）则更进一步，他提出了克莱因瓶的概念。克莱因瓶是一种具有延展性的瓶子，瓶颈处可以绕回并插入瓶身之中，形成一个无法区分瓶子内、外部差异的造型。从理论上讲，只要把两个莫比乌斯环沿着边缘粘起来就会形成一个克莱因瓶。但不要费心去尝试，因为这在三维空间中是不可能做到的！

拓扑学家称莫比乌斯环和克莱因瓶为流形。数学家利奥·莫泽创作了这样一首打油诗：

一位名叫克莱因的数学家认为莫比乌斯环是神圣的。他说："如果你把两条边粘上，那么你会得到一个和我这个瓶子一样奇怪的瓶子。"

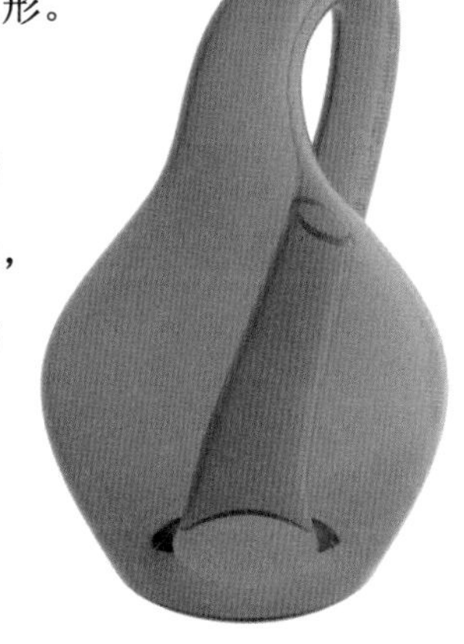

一个克莱因瓶，它的内部和外部是贯通的

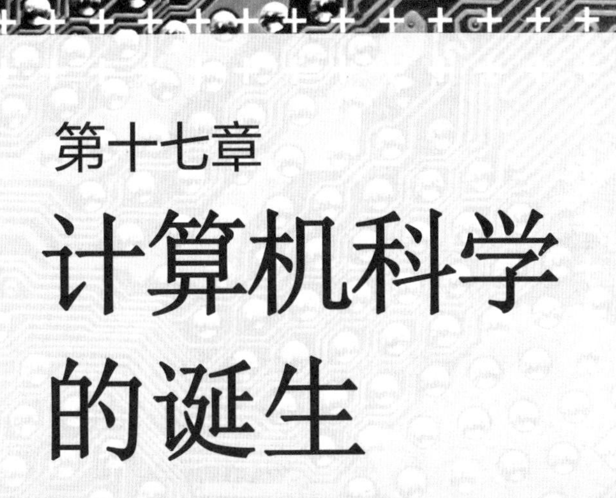

第十七章 计算机科学的诞生

计算机科学的诞生

希尔伯特想知道，是否有可能把所有数学问题的解题方法转化成一种无须证明就能得出答案的方法。为了解决希尔伯特提出的问题，艾伦·图灵（Alan Turing）提出了关于一个机器的构想，即一个抽象的机器。后来人们称之为图灵机，它在建立计算机科学的过程中起到了关键作用。

早期的 IBM 计算机

计算机发展时间线	
1679 年	莱布尼茨建立了二进制系统。
1801 年	丝绸纺织工约瑟夫·玛丽·雅卡尔（Joseph Marie Jacquard）发明了一种用穿孔卡片控制纺织图案的织布机。
1822 年	查尔斯·巴贝奇（Charles Babbage）研制了差分机。
1931 年	麻省理工学院的工程师范内瓦·布什（Vannevar Bush）和他的同事建造了微分分析器，这是一台解微分方程的计算机。
1935 年	德国发明家康拉德·楚泽（Konrad Zuse）在他的计算机设计中使用了二进制符号。
1936 年	图灵介绍了图灵机。
1943 年	图灵和他的同事设计了一台名为“巨人”的计算机，以破译德国的恩格玛密码。
1944 年	冯·诺依曼与一群工程师共同建造了 ENIAC（电子数字积分计算机）。

我们必须知道的！我们将要知道的！

希尔伯特是 20 世纪最受尊敬的数学家之一。他用天才的数学头脑思考了许多问题，产生了很多想法。许多数学术语都是以他的名字命名的，如希尔伯特空间（一个无限维度的欧几里得空间）、希尔伯特类域和希尔伯特乘积公式等。

希尔伯特在德国哥廷根的墓地

在 1900 年的巴黎国际数学家大会上，希尔伯特提出了 23 个希望能在 20 世纪获得解答的重要数学问题——有些问题已经得到了解决，而有些问题至今仍未解决。

希尔伯特提出了有限性理论。他指出，虽然方程的数量是无限的，但方程的类型是有限的。然而，希尔伯特无法建立有限数量的方程组，他只是表示它一定存在——在数学上这被称为“存在证明”。

在希尔伯特空间的发展过程中，使用存在证明很重要，这将欧几里得几何扩展到无限维的空间。希尔伯特空间为量子力学奠定了基础。

希尔伯特空间填充曲线是一个连续的分形空间填充曲线

就数学的发展而言，希尔伯特认为数学可以建立在严谨的逻辑基础上。他的抱负是为所有的数学问题找到一套完整的公理，这为计算机科学的发展铺平了道路。

图灵机

1935 年，图灵在剑桥大学参加了一门有关数学基础的课程，他了解到希尔伯特对于数学本质提出的三个问题：数学是完整的吗？数学具有一致性吗？数学是确定的吗？（是否存在一种方法来确定一个命题是真命题还是假命题？）希尔伯特认为这三个问题的答案都是肯定的。

布莱切利公园中的艾伦·图灵雕塑

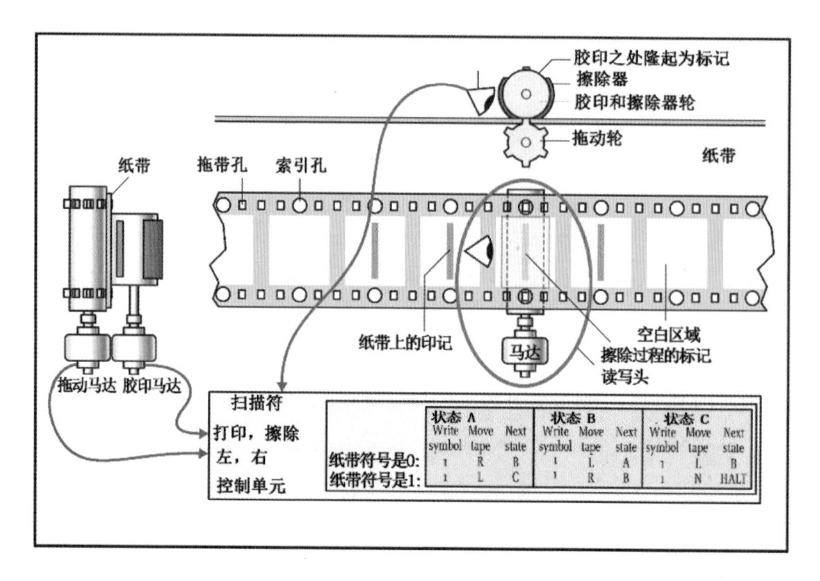

图灵机示意图

在 1931 年发表的一篇具有里程碑意义的论文中，库尔特·哥德尔证明了前两个问题的答案实际上是否定的——数学不能被证明是既完整又具有一致性的，但第三个问题仍未得到解决。就像希尔伯特所说的那样，有没有一种方法能够证明数学命题是否成立呢？

哥德尔不完全性定理

哥德尔不完全性定理是数学中最有影响力的定理之一，它分为两个定理。第一定理：任意一个包含一阶谓词逻辑与初等数论的形式系统，都存在一个命题，它在这个系统中既不能被证明为真，也不能被证明为否。第二定理：如果系统 S 含有初等数论，当 S 无矛盾时，它的矛盾性不可能在 S 内证明。

宽泛地说，哥德尔的意思是，一组被证明的数学定理只是这组为真定理的一个子集。一定有一些定理是正确的，但不能被证明是正确的。

库尔特·哥德尔

在图灵的脑海里，他正设想着建造一台自动化机器，即图灵机，它可以证明所有数学定理正确与否。图灵机是一种自动机的数学模型，它是一条两端（或一端）无限延长的纸带，上面划成方格，每个方格中可以印上某字母表中的一个字母；又有一个读写头，它具有有限个内部状态。任何时刻读写头都“注视”着纸带上的某一个方格，并根据注视方格的内容及读写头当时的内部状态而执行变换规则所规定的动作。

任何问题都可以简化为一组指令，图灵所做的就是制定计算机算法。机器的运行由指令控制，它规定了在特定的情况下用特定的算法可以做什么。

1936 年 4 月，图灵在一篇具有里程碑意义的论文中介绍了这台非凡的机器，他完成的第一篇论文是《论数字计算在决断难题中的应用》。这篇论文包含三部分内容：

1. 定义“可计算数字”和“计算机”的概念。

2. 介绍“通用机器”的概念。

3. 利用这些思想来证明“判定问题”是不可解的。

图灵证明了机器无法解决所有的数学问题。在此过程中，他为计算机的发展奠定了基础。

1938 年，图灵在普林斯顿大学获得博士学位。数学教授冯·诺依曼是当时最伟大的数学家之一，他请图灵做自己的研究助理。年轻的图灵给冯·诺依曼留下了深刻的印象，但冯·诺依曼在图灵的推荐信中没有提到“判定问题”，冯·诺依曼后来全心全意地转向研究计算机计算，这有点奇怪。后来，就像图灵后来写信给母亲时说的那样，也许这是因为当时爱因斯坦还在科研第一线工作，解决“判定问题”并不是什么重要的事。

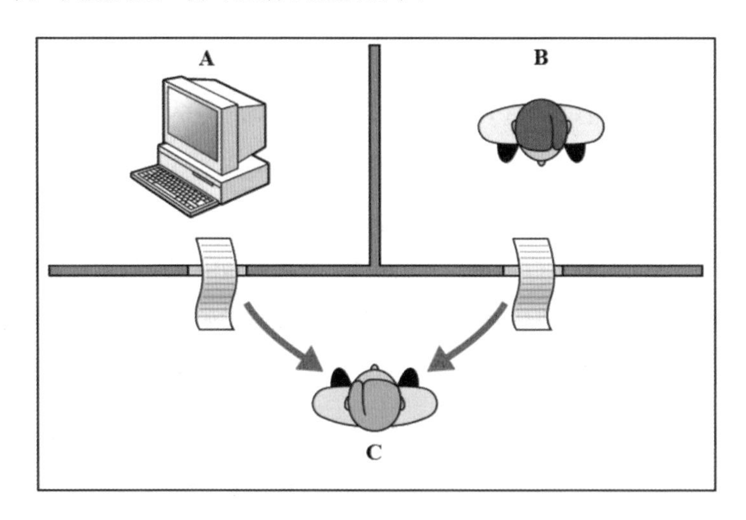

图灵测试

模仿游戏

1950年，图灵解决了一个问题，即能否准确地判断出一台机器是智能的，他设计的这个测试至今仍影响着人们。基于一个模仿游戏，图灵建议由一个提问者通过书面提问的方式询问两个被分隔在不同房间的被调查者。其中一个被调查者是人类，另一个是计算机，挑战在于提问者是否能确定哪个是计算机，哪个是人类。现在，还没有人工智能能够令人信服地通过测试。尽管在2014年，一个叫尤金的聊天机器人——它扮演的角色是一个13岁的男孩，曾经让33%的提问者认为它是人类。

后来，图灵回到了英国，加入了布莱切利园的Ultra计划，成为一名密码破译人员，在“巨人”计算机的协助下破译了德国的恩格玛密码。

第一代计算机

20世纪30年代末，冯·诺依曼沉浸在对超音速湍流的研究中，在第二次世界大战开始时，他已经成为世界上冲击波领域的顶尖专家之一，他认为计算机可以帮助他解决当前研究中遇到的问题。1944年，冯·诺依曼加入了宾夕法尼亚大学摩尔工程学院，与一群工程师共同建造了第一台存储程序电子数字计算机——ENIAC（电子数字积分计算机）。ENIAC用真空管作为电路，用磁鼓作为存储器。它将近 2.4 米高，30 米长，6 米宽，占据了一个 170 平方米的房间，重约 30 英吨。

1946 年，冯·诺伊曼发表了一篇论文，提出计算机的数据和它的指令应该保存在一个单独的存储器中——存储程序计算机。存储在计算机中的指令可以根据需要随时访问，而不需要先通过纸卡或插板输入。

二进制

在日常生活中，我们大多使用的是十进制。二进制只使用两个符号，0 和 1，规则是逢二进一，而不是逢十进一。二进制在计算机中是必不可少的，因为每个数字都可以由开（1）或关（0）等一系列继电器表示。第一台二进制计算机是德国工程师楚泽在 1936 年发明的 Z-1。

二进制

冯·诺依曼还希望以一种可以被其他指令修改的方式对指令进行编码，这是一个很大的进步，因为它意味着一个程序可以将另一个程序视为数据。在编写计算机软件方面取得的很多进步都基于冯·诺依曼的思想。计算机组件的连接方式被称为计算机架构。冯·诺依曼发明的计算机组件的连接方式，至今仍在很多计算机中被使用。它定义了计算机的五个主要组成部分：执行基本运算的运算器；执行指令的控制器；存储数据和指令的存储器；输入设备和输出设备，这样机器和人类就可以交流了。赫尔曼·戈尔斯汀（Herman Goldstine）后来在高等研究所领导了计算机研究，他将冯·诺依曼的论文描述为"有史以来关于计算和计算机的最重要的文件之一"。

冯·诺依曼是数值分析领域的革新者。数值分析是一种用计算机求解数学数值的计算方法，它在 20 世纪发展成了一门独立的学科。冯·诺依曼在这一领域的开创性研究，至今仍然影响着现在的复杂计算机模型的研究。

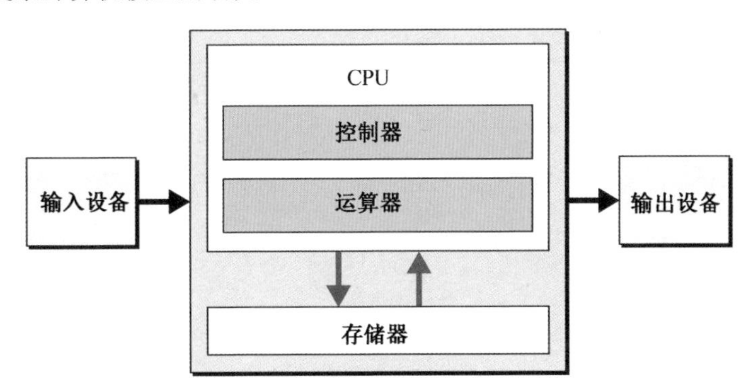

冯·诺依曼体系结构

第十八章

博弈论

博弈论

策略思维在人类的许多活动中起着至关重要的作用，无论养老基金经理评估投资的最佳方式，棋手在国际象棋比赛中计算最佳的棋步，还是将军在关键时刻确定如何行动，策略思维都是非常重要的。在存在冲突的情况下，数学能帮助我们做出正确的决定吗？冯·诺依曼和约翰·纳什（John Nash）等数学家认为答案是肯定的，并因此而发展了博弈论。现在，博弈论在经济、外交和体育中起着重要作用。

冯·诺依曼

博弈论发展时间线	
1928 年	冯·诺依曼证明了博弈论的基本原理。
1944 年	冯·诺依曼和奥斯卡·摩根斯顿（Oskar Morgenstern）出版了《博弈论和经济行为》一书。
1950 年	梅里尔·弗勒德（Merrill Flood）和梅尔文·德雷希尔（Melvin Dresher）提出了囚徒困境。
1951 年	约翰·纳什提出了纳什均衡理论。

室内游戏理论

博弈论是一个比较新的数学分支，有深厚的根基，它最初是在 1928 年冯·诺依曼发表关于室内游戏理论的论文时出现的。博弈论考虑游戏中的个体的预测行为和实际行为，并研究它们的优化策略。游戏可以是真正的游戏，比如国际象棋，也可以是更重要的“游戏”，比如战争，这些情境的共同因素是相互依存。这意味着结果不仅取决于一个参与者的决定，还取决于所有参与者的决定。如果你决定牺牲你的“车”，那么你的对手会接受你的策略吗？

博弈论只适用于参与者之间存在利益冲突的情况。它是一个重要而有用的工具，在某些情况下，它可以帮助你判断哪种行动最合适。但博弈论不能帮助你决定中午吃什么。

何为博弈?

博弈论研究的假设：

1. 所有参与者都将理性行事，并受到相同的规则约束。

2. 参与者可以运用策略对博弈的结果施加影响。

3. 参与者的行为必须有结果或者回报。

国际象棋就是一种博弈

博弈论可以分为两类：一类情形包括一些偶然因素，另一类则不包括。如果没有偶然因素的影响，那么你通过分析找到一个取胜策略，并原原本本地执行，就能获得胜利。如果双方都采用相同的策略，那么必然会出现平局。在偶然因素起作用的博弈中，需要计算获胜或失败的概率，没有哪种结果一定会出现。

收益矩阵

那么，博弈论提供了哪种工具来指导我们进行策略选择呢？其中一个就是收益矩阵。

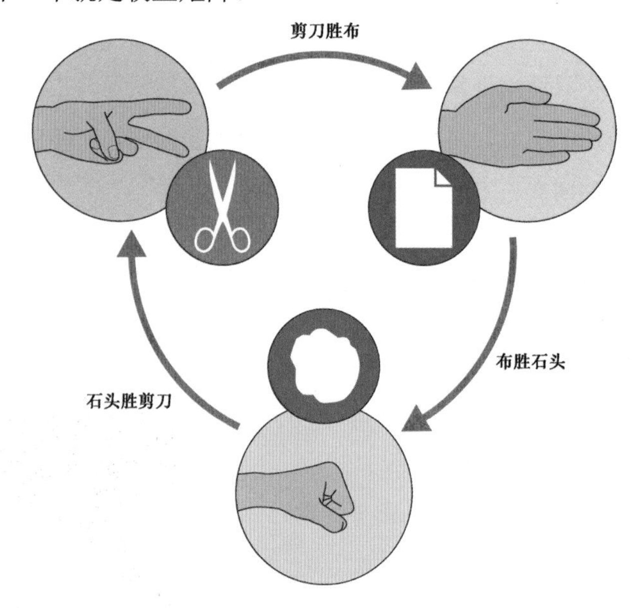

剪刀、石头、布的游戏规则

小时候，你肯定玩过剪刀、石头、布的游戏，这是所有策略游戏中最简单的一种：你数到三，然后你和对手同时展开手，看出的是剪刀、石头，还是布。石头胜剪刀，剪刀胜布，布胜石头。每个玩家的选择，都基于他们认为这个选择可以击败对手。

参与者可能做出的选择和它们的结果可以归纳为一个收益矩阵。收益矩阵由三部分组成：参与者、他们做出的选择和这些选择产生的结果。它显示了适用于参与者的每一种可能的策略，以及他们的选择可能产生的各种结果的组合。剪刀、石头、布游戏有三种选择——石头、布或剪刀——和三种可能的结果——赢、输或平局。

收益矩阵

玩家二

玩家一

	石头	布	剪刀
石头	0	-1	1
布	1	0	-1
剪刀	-1	1	0

要想赢得比赛，一个完美的策略就是准确地了解你的对手会怎么做，然后做出最佳选择击败他们。不过，这种情况不太可能发生，所以最好的策略是尽可能地随机决定你自己的选择，这样你的对手就不会知道你在想什么，他们就无法制定出打败你的策略了。如果他们做的事情与你相同，那么最可能出现的结果就是平局。

纳什均衡

约翰·纳什

在纳什均衡中，游戏中的每个玩家都根据自己对他人的预测为自己做出最佳决策。当每个玩家都选择最坏的选择时，改变策略是没有好处的。纳什均衡鼓励合作，因为任何策略上的改变都可能导致情况变差。纳什均衡是以其发现者、诺贝尔经济学奖得主约翰·纳什的名字命名的，它是博弈论的核心思想之一。纳什证明了在有限玩家和有限选择的博弈中，玩家可以达到均衡。芝加哥大学的罗杰·迈尔森（Roger Myerson）将纳什对经济学的影响描述为“堪比生物学中DNA双螺旋结构的发现”。

零和博弈

我们回顾一下剪刀、石头、布游戏的收益矩阵，把表里的所有数值加起来，它们的和是零。在零和博弈中，博弈双方的利益是完全矛盾的，一方的收益必然意味着另一方的损失。博弈论的一个基本策略叫作“最大最小策略”。这就是说，在两个人的零和博弈中，存在一个使最小收益最大化、最大损失最小化的最优策略。1928年，冯•诺依曼证明了这一点。

囚徒困境

博弈论的经典例子就是囚徒困境，它是由弗勒德和德雷希尔在1950年首次提出的。想象一下，有两个人因涉嫌入室行窃而被捕。他们都犯了罪，但警方没有足够的证据来指控他们。然而，警方向他们表示侵入罪较轻。要使盗窃指控成立，警方至少需要一个嫌疑人认罪。

两个嫌疑人都被单独关在牢房里，无法与另一个人交流。警方向他们做出了相同的承诺：如果你的共犯保持沉默，你承认盗窃并牵连你的同伙，那么你将获得自由，而你的同伙将入狱 20 年。如果你们都坦白，那么你们将入狱 5 年。如果你们都拒绝合作，那么你将被指控非法侵入，并被判入狱一年。

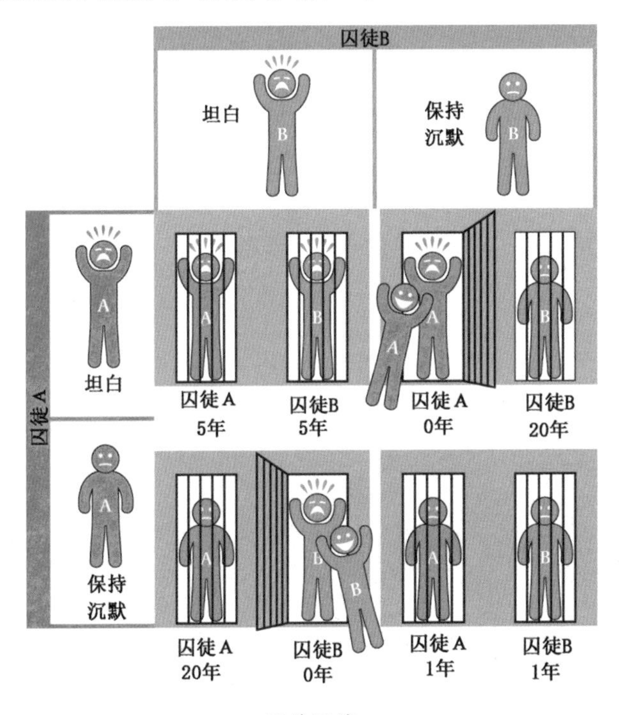

囚徒困境

嫌疑人的最佳策略是什么？遵循最大最小策略，最好的做法就是坦白。

如果你的同伙招供并指认你，你拒绝坦白可能会面临被判 20 年监禁的风险。只有坦白，才能使损失最小化、收益最大化。在最坏的情况下，你将服刑 5 年，但最好的情况是你将获得自由。

破釜沉舟

早在博弈论被提出之前，埃尔南 · 科尔特斯（Hernan Cortes）就采用了与博弈论完全相同的策略。当他带着一小群人到达墨西哥时，他做的第一件事就是放火烧了他们来时乘坐的战船。这就向阿兹特克人发出了一个信号，即当退路被切断后，西班牙人将背水一战。科尔特斯给人的印象是他有能力打赢任何一场战斗，因此跟他战斗十分愚蠢。所以，阿兹特克人撤退了。科尔特斯的行动可谓破釜沉舟——在没有退路的情况下，有背水一战的勇气，就能吓退敌方。

科尔特斯烧了他的战船

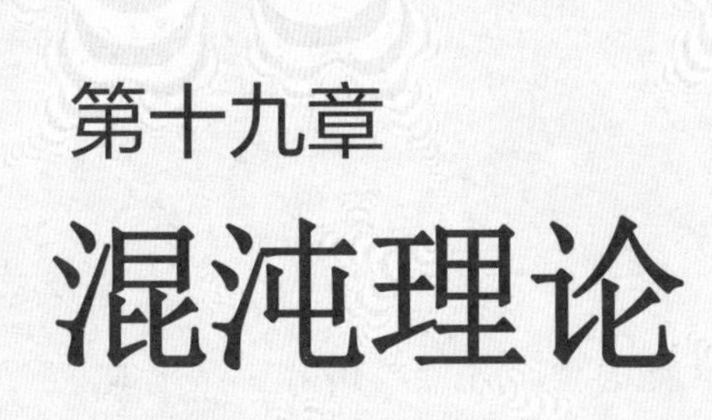

第十九章

混沌理论

混沌理论

混沌理论是什么？什么样的理论才能够解释那些看似随机发生的现象？数学意义上的混沌并不意味着无序。混沌理论涉及有着复杂系统的数学知识，在这些系统中，在初始条件下最微小的变化就会导致截然不同的结果。这样的复杂系统包括天气系统、化学反应、社会行为等。混沌理论解释了为什么天气在较长时间内无法被准确预测。

由于天气的复杂性，天气在较长时间内无法被准确预测

混沌理论发展时间线	
1814 年	拉普拉斯发表了一篇关于确定性宇宙的论文。
1899 年	庞加莱发现了动力学不稳定性现象。
1919 年	加斯顿·朱利亚（Gaston Julia）发现了第一个分形。
1961 年	爱德华·洛伦兹（Edward Lorenz）观察到蝴蝶效应。
1971 年	罗伯特·梅（Robert May）调查了动物种群的混沌现象。
1975 年	本华·曼德博（Benoit Mandelbrot）提出了分形的概念。

确定性宇宙

1814 年，拉普拉斯发表了一篇关于确定性宇宙的论文。他断言，如果知道宇宙中所有物体的位置和运动速度，以及作用于它们的力，那么在任何一个时刻，我们都能计算出它们未来所有时刻的位置和运动速度。当然，收集这么多的数据是不可能的，但我们至少可以对宇宙的运动做出近似的描述，这样就能足够接近现实，不会造成明显的差异，而混沌理论终结了这一假设。

动力学不稳定性

1899 年，法国数学家、物理学家庞加莱发现了动力学不稳定性现象。庞加莱对行星的运动很感兴趣，认为行星的运动受牛顿运动定律和万有引力定律的影响。对天体的位置和运动速度的测量越精确，对天体未来位置的预测就越准确。减少初始条件的不确定性，也就减少了预测的不精确性。但庞加莱发现，对于某些系统而言，情况并非如此。

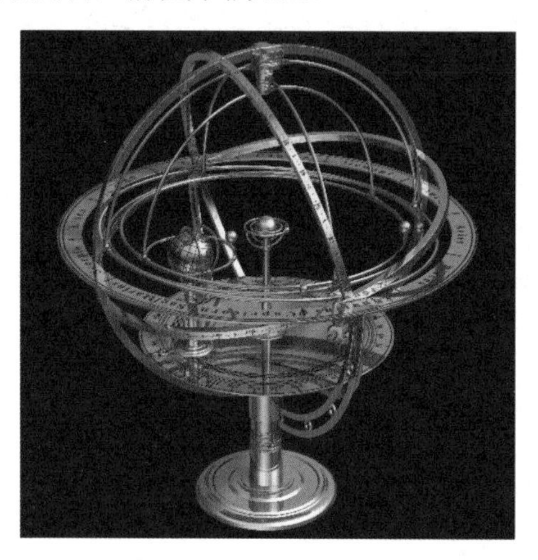

浑天仪，展现了行星的运动遵循固定的路径

不遵循这一规则的系统通常由三个或更多相互作用的天体组成。对于这些类型的系统，庞加莱证明了在初始条件下，非常微小的不确定性会随着时间以惊人的速度加强。庞加莱证明了在初始条件下，最微小的不确定性在最终预测中会变成巨大的不确定性，即使初始条件下的不确定性被缩小到最小，这种不确定性仍然存在。这被称为动力学不稳定性，后来被简单地称为“混沌”。很久以后，人们才领会到这一发现的意义。

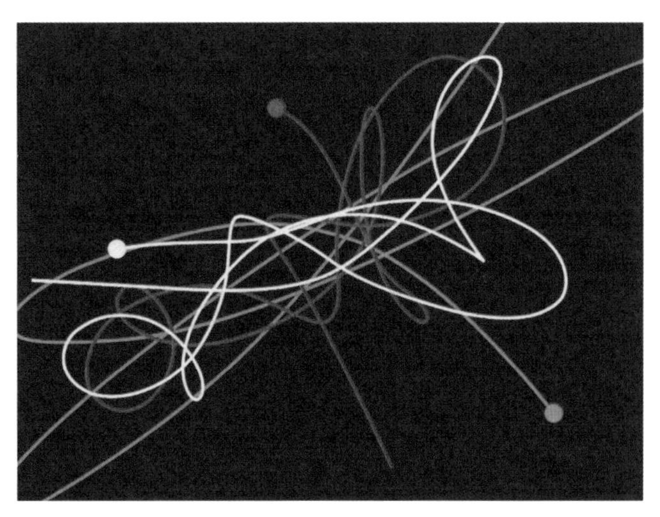

三体问题

蝴蝶效应

1961 年，气象学家洛伦兹编写了一个程序来研究天气模型。该程序基于 12 个变量，代表诸如温度和风速之类的因素。计算机代码具有确定性，洛伦兹认为如果他设置了相同的初始值，那么他每次运行程序都会得到完全相同的结果。

然而，有一天，他使用了他之前运行过的一个程序，却得到了一个截然不同的结果。他在进一步调查后发现，在第二次运行时，程序包含了一个变量的四舍五入的值——0.506，而不是之前使用的 0.506127。这看起来只有细微差别，但完全改变了程序生成的天气模型。

洛伦兹提出了一个观点：细微的改变会产生重大的影响。这个观点被人们称为蝴蝶效应，即一只蝴蝶在巴西扇动翅膀，就能在美国得克萨斯州引起龙卷风。蝴蝶效应的影响深远。科学家认为，天气是一个整体并不稳定的混沌系统。准确预测天气，需要进行无数次测量。初始测量中的任何不确定性，无论多么小，最终都会导致预测不准确。

一只蝴蝶在巴西扇动翅膀，就能在美国得克萨斯州引起龙卷风，这个理论被称为蝴蝶效应

非线性

物理学家用相空间图来研究包括混沌系统在内的物理系统的活动方式。例如，用相空间图我们可以绘制出物体的位置和运动速度。

相空间映射可以显示系统如何随时间的变化而变化。当系统发生变化时，相空间中表示变化的数也会发生变化。相空间连同体现数字如何变化的规则，被称为动态系统。在线性系统中，一个变量改变总会产生相同的比例效应。例如，如果把幅度加倍，效果就加倍；如果把幅度减半，效果就减半。

非线性是指不按比例、不成直线的关系。所有的混沌系统，如天气系统，都是非线性的。直到计算机出现，我们才能够了解非线性系统的运动方式。用核物理学家斯坦尼斯拉夫·乌拉姆（Stanislaw Ulam）的话来说就是“使用非线性这样的术语，就像是把动物学称为对非大象动物的研究”。

确定性随机

混沌系统被定义为一个由精确的规则控制的系统，偶然因素不起作用。换句话说，它是一个确定性的系统，但在其中会有随机事件发生。这怎么可能呢？

20 世纪 40 年代末，冯·诺依曼使用一个简单的方法来生成随机数。他从一个数开始，如 x，用 x 乘以（$1-x$）然后用得到的结果乘以 4，再得出计算结果。一旦选择了初始数，结果就是预先确定的。假设 $x=0.2$，得到的序列就是 0.64，0.9216，0.2890，0.8219，0.5855 等，完全是随机序列。逻辑斯谛映射是由生物学家罗伯特·梅在 20 世纪 70 年代提出的，世界卫生组织用它来模拟动物种群随时间的变化。

吸引子

一个系统有朝着某个稳态发展的趋势，这个稳态叫作吸引子。

洛伦兹的天气模型包含了 12 个变量，他用一套更简单的方程来解释复杂的行为，并偶然发现了对流现象——流体底部受热时的运动状态。他最终得到了三个简单易懂的方程，当洛伦兹绘制出结果时，他得到了洛伦兹吸引子。

洛伦兹吸引子就是“奇怪吸引子”的一个例子。奇怪吸引子的独特之处在于，你无法确定吸引子的确切位置。奇怪吸引子上的两个点在某一时刻彼此靠近，在另一时刻却会彼此远离。与常规吸引子不同，奇怪吸引子从不重复，这意味着混沌系统在任何时刻的状态我们都无法精确预测。无论对混沌系统相空间的研究多么仔细，它总是表现出相同的复杂程度，即被称为“分形”的性质。

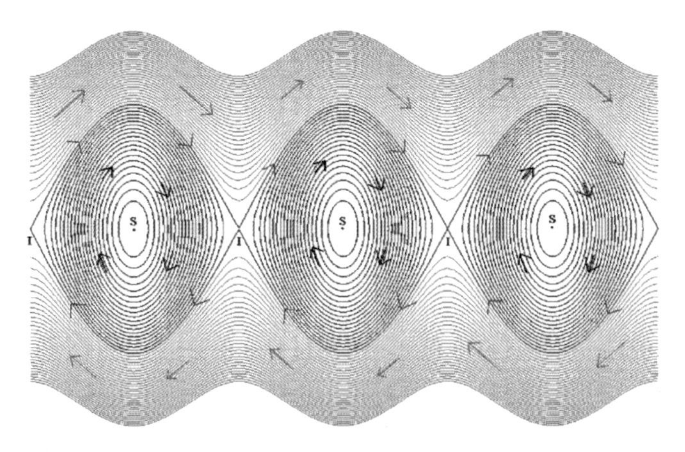

钟摆的相空间图

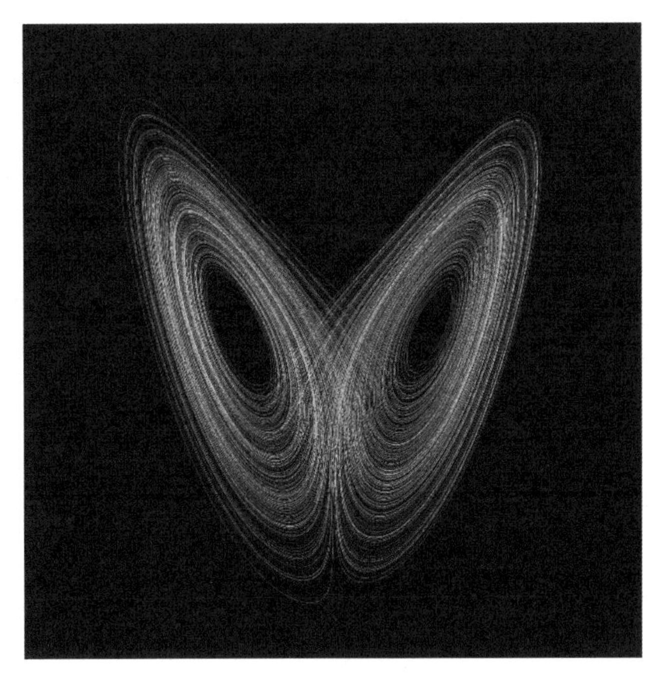

洛伦兹吸引子

分形

1919 年，朱利亚进行了一项数学实验。他使用了一个简单的算法，并一遍又一遍地重复实验。根据他选择的起点数量，结果要么保持在一个有限的范围内，要么就会爆发。直到许多年以后，随着计算机的出现，研究人员才得以把朱利亚集合用图形呈现出来，揭示出其结构之美。

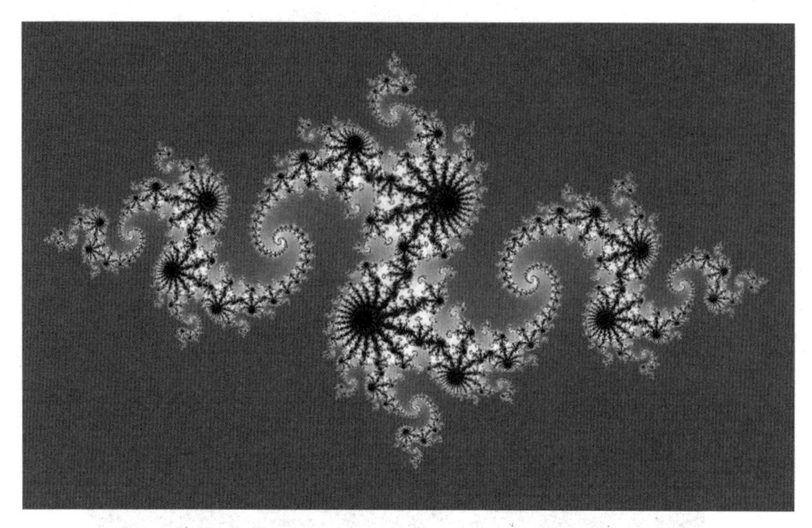

朱利亚集合

朱利亚实际上是最早发现分形的人之一。“分形”的概念是由本华·曼德博提出的。分形的特征是，无论我们把它放大到多大，它仍然是复杂的。分形结构具有自相似性，这意味着我们无法区分小尺度的分形结构与大尺度的分形结构。

本华·曼德博

现实世界中的许多事物都具有分形的性质，如海岸线和蕨类植物的叶子。事实证明，分形有许多实际用途——如今在电影制作中经常使用的计算机生成的图像就基于分形。分形几何为人们研究地震、金融市场的运作方式开辟了道路。

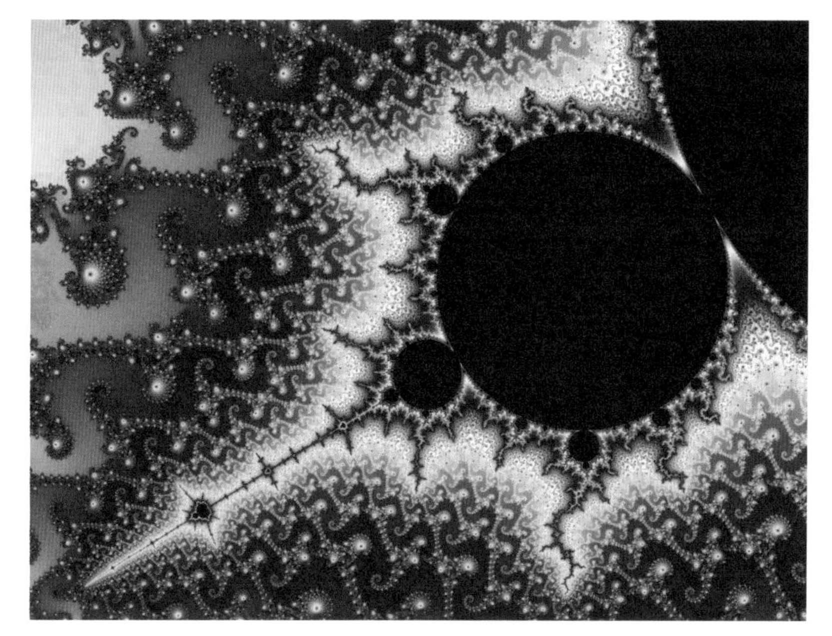

曼德博集合

第二十章

结语：数学描述现实

数学描述现实

当数学原理适用于现实时，它们是不确定的；当它们确定时，又不适用于现实。

——阿尔伯特·爱因斯坦，物理学家

物理学家、诺贝尔物理学奖得主尤金·维格纳（Eugene Wigner）曾表示，数学描述现实的能力惊人，并认为数学在自然科学中具有超乎想象的效用。与此同时，研究人员也在研究量子力学与数学的关系。因此，也许最终要解决的问题是：现实世界真的是由数学构成的吗？或者数学只是我们编造出来的工具？

阿尔伯特·爱因斯坦

数学语言在表述自然规律的适当性方面是个奇迹，它是奇妙的天赋之物。

——尤金·维格纳，物理学家

宇宙是由数学构成的，这个观点并不新鲜，毕达哥拉斯坚信这一点。伟大的科学家伽利略曾说过：“宇宙是用数学语言写成的，符号是三角形、圆形和其他几何图形，没有它们的帮助，我们就不可能读懂宇宙；没有它们，我们就会在黑暗的迷宫中迷失方向。”但是数字仅仅是我们为了方便而发明的东西吗？

物理学家迈克斯·泰格马克（Max Tegmark）认为我们发明了一种数学语言，以此来描述宇宙的数学结构。我们无法改变这种结构，只能在必要时用一种方法描述它。不管我们怎么努力，我们都无法创造出一个圆的周长与直径之比不是 π 的理论。

泰格马克提出了外部现实假说，该假说宣称，存在一个独立于人类存在的外在物理现实。从“希格斯玻色子”到“脉冲星”，我们可以用各种名字给这个现实的各个组成部分命名，但它们不以人的意志为转移。泰格马克还提出了数学宇宙假说，即我们认知的物理现实是一个数学结构。

泰格马克认为现代数学的结构可以用一种抽象的方式来定义。数学符号就是简单的标签，就像“脉冲星”一样，它们没有内在的意义。我们怎么命名事物并不重要，重要的是它们如何相互联系。数学宇宙假说表明，现实世界的特征不是来自现实世界各组成部分的属性，而是来自这些组成部分之间的关系。

泰格马克（左）

量子力学

20 世纪初，当物理学家开始研究量子力学时，他们利用数学来解释他们的发现，概率论为他们指明了方向。在此之前，物理学一直认为粒子，比如电子，在空间中会有一个确定的位置，但根据量子力学，只有指定一个粒子存在于某地方的概率才能确定它的位置。让局面更尴尬的是，经典的双缝实验已经表明这些粒子可以相互干扰，就像波一样。

双缝实验

双缝实验是量子力学中最令人困惑的实验之一。

如果你让一束连续的粒子，如电子，通过两个紧密相连的狭缝，它们就会像波一样运动，形成一种特有的干涉图样。有趣的是，当一次穿过一个粒子时，你会发现干涉图样仍然存在。这是怎么回事呢？没有人知道。正如伟大的物理学家理查德·费曼（Richard Feynman）所言："没有人能完全了解量子力学。"

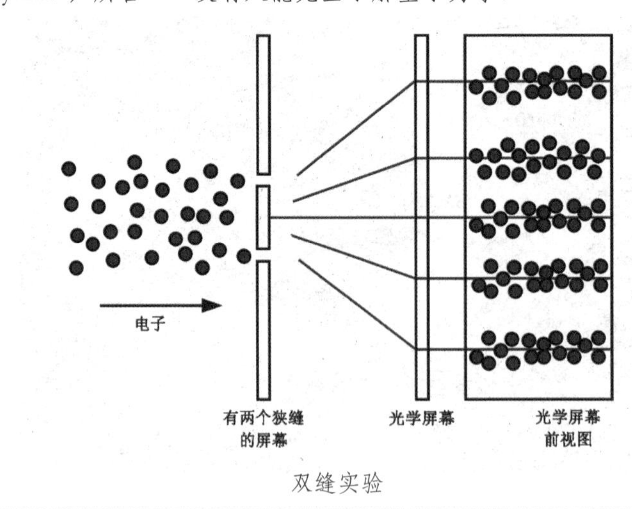

双缝实验

1926年，奥地利物理学家埃尔温·薛定谔（Erwin Schrödinger）提出了一个解决方案。当观察到这种现象时，他得到了一个关于波函数的方程，即薛定谔方程。薛定谔方程描述了波函数的形式，指出这些波函数如何受外部影响而改变。实际上，波函数包含了关于其中的粒子的所有可测量的信息。人们大多认为，薛定谔方程对量子力学的重要性不亚于牛顿运动定律对经典力学的重要性。

薛定谔描述的量子世界就像古老的太阳系的原子模型一样，电子围绕原子核旋转，这是一个纯粹的数学结构。量子力学用非常精确且严谨的数学术语描述了原子领域，但其结果只能用概率而不能用确定性来表示。20世纪20年代，物理学家尼尔斯·玻尔（Niels Bohr）和沃纳·海森堡（Werner Heisenberg）提出了哥本哈根诠释，他们认为波函数只不过是预测、观测结果的一种工具，并表示物理学家不应该把注意力放在想象“现实”是什么样子上。即使到了今天，关于波函数是否是“真实的”，以及它是否只是让我们能计算量子领域的概率的一个数学工具，仍然存在争议。

奥地利货币上的薛定谔

谁坍缩了波函数

量子力学是迄今为止描述宇宙运转的最佳理论之一，它坚如磐石的预测能力已被实验一次又一次地证明。然而，量子力学的奠基人很难接受这种观点：现实在某种程度上处于一种不确定的基本状态，直到观测到波函数坍缩。是谁坍缩了波函数，使之成为我们现在看到的宇宙？正如爱因斯坦的那句话："如果没有人看月亮，那么它还会存在吗？"

一般来说，有三种可能。第一种可能是波函数并没有给我们提供一个完整的现实图景，尽管几十年的实验证明了它是真实的。第二种可能是波函数没有坍缩，波函数的每一种可能性都存在于它自己的独立宇宙中，这就是所谓的"多世界"理论。第三种可能被称为"客观坍缩理论"，这是美国和意大利的物理学家在20世纪70年代首次提出的，目的是修改薛定谔方程，使波函数从它的不确定状态自然地演化为一个单一的、定义明确的状态。他们在方程中加入了两个额外的数学项：一个是非线性项，它以其他状态为代价快速提升一种状态；另一个是随机项，它使状态随机发生。

现实的语言

物理学家理查德·费曼说："对那些不懂数学的人来说，他们很难对自然之美有真实的感受，那是最深刻的美……如果你想了解大自然，欣赏大自然，你就有必要理解大自然的语言。"

理查德·费曼

数学可能不是现实，但它是现实与我们交流的方式。或者说，我们发明了数学，所以数学才与我们感知现实世界的方式如此契合？可能我们永远也不会知道真相。但可以肯定的是，数学是帮助我们解决关于现实世界运转之道这一问题的有力工具。

数学的宇宙

版权贸易合同登记号　图字: 01-2020-3046

图书在版编目（CIP）数据

极简数学史：生命无代数　人生有几何 /（英）罗伯特•斯奈登（Robert Snedden）著；苑东明，寇金玉译. —北京：电子工业出版社，2020.7
（有趣得一口气读完系列）
书名原文: PROBLEM SOLVED!The Great Breakthroughs in Mathematics
ISBN 978-7-121-38912-2

Ⅰ. ①极…　Ⅱ. ①罗…　②苑…　③寇…　Ⅲ. ①数学史－世界－通俗读物
Ⅳ. ①O11-49

中国版本图书馆 CIP 数据核字（2020）第 052849 号

责任编辑：黄　菲　　　文字编辑：刘　甜
印　　刷：中国电影出版社印刷厂
装　　订：中国电影出版社印刷厂
出版发行：电子工业出版社
　　　　　北京市海淀区万寿路 173 信箱　　邮编　100036
开　　本：720×1 000　1/16　印张：13.75　字数：173 千字
版　　次：2020 年 7 月第 1 版
印　　次：2020 年 7 月第 1 次印刷
定　　价：68.00 元

凡所购买电子工业出版社图书有缺损问题，请向购买书店调换。若书店售缺，请与本社发行部联系，联系及邮购电话：(010)88254888，88258888。

质量投诉请发邮件至 zlts@phei.com.cn，盗版侵权举报请发邮件至 dbqq@phei.com.cn。

本书咨询联系方式：1024004410（QQ）。